Recl. n°. 29.129

ESSAI

SUR LES PRINCIPES FONDAMENTAUX

DE LA GÉOMÉTRIE ET DE LA MÉCANIQUE

R

(Extrait des *Mémoires de la Société des Sciences physiques et naturelles de Bordeaux*, t. III (2e Série), 1er cahier.)

ESSAI

SUR LES PRINCIPES FONDAMENTAUX

DE

LA GÉOMÉTRIE

ET DE

# LA MÉCANIQUE

PAR

J. M. DE TILLY

Major de l'Artillerie Belge,
Membre de l'Académie royale des Sciences de Belgique,
Membre honoraire de la Société des Sciences physiques et naturelles de Bordeaux.

———>|<———

BORDEAUX

IMPRIMERIE G. GOUNOUILHOU

11, — RUE GUIRAUDE, — 11

—

1879

RAPPORT

LU PAR M. HOÜEL

Dans la séance du 14 novembre 1878 de la Société des Sciences physiques et naturelles de Bordeaux.

Les savants illustres qui ont étendu successivement le domaine de la Géométrie se sont, en général, peu préoccupés d'en établir les principes fondamentaux d'une manière rationnelle et définitive, soit qu'ils aient mieux aimé travailler à l'exhaussement de l'édifice qu'à la consolidation de sa base, soit que leurs tentatives sous ce dernier rapport n'aient pas abouti, ce qui est probable pour beaucoup d'entre eux, certain même pour quelques-uns.

Aussi peut-on dire sans exagération que la Géométrie philosophique, comprenant la discussion des vrais principes fondamentaux, des vraies hypothèses préliminaires, sur lesquels la Géométrie doit s'appuyer à son début, ainsi que la recherche de l'emploi le plus rationnel de ces principes, n'a fait aucun progrès réel depuis l'époque d'Euclide jusqu'à celle de Gauss, de Lobatchefsky, de Bolyai et de Riemann, c'est-à-dire jusqu'à notre siècle.

La Société des Sciences physiques et naturelles de Bordeaux peut revendiquer l'honneur d'avoir, la première, il y a une douzaine années, appelé l'attention sur des productions éminentes tombées dans l'oubli, non seulement en France, mais dans l'Europe entière.

La première de ses publications sur cet objet a été celle de la traduction d'un Mémoire de Lobatchefsky, intitulé *Études géométriques sur la théorie des parallèles* (¹), et où ce géomètre a résumé sous une forme élémentaire les bases des découvertes qu'il avait faites depuis quinze ans. Cette traduction est suivie de celle des passages de la *Correspondance de Gauss avec Schumacher*, où le grand mathématicien fait connaître ses propres vues, conformes de tout point à celles de Lobatchefsky.

Le tome suivant contient la traduction de l'opuscule de J. Bolyai,

---

(¹) *Geometrische Untersuchungen zur Theorie der Parallellinien*. Berlin, 1840. Voir les *Mémoires de la Société*, t. IV, 1866.

qui est arrivé, en même temps que Lobatchefsky, aux mêmes conclusions, qu'il établit sous une forme différente ([1]).

Ce même volume renferme la reproduction d'une note de M. Helmholtz, extraite des *Mémoires de la Société de Heidelberg*, et où l'illustre savant expose sa manière de concevoir les principes fondamentaux de la Géométrie.

Nous mentionnerons encore, pour ne rien omettre, une Note, lue le 30 décembre 1869, à l'occasion d'une prétendue démonstration de l'axiome des parallèles et des débats qu'elle a soulevés au sein de l'Académie des Sciences([2]); et enfin un résumé d'une Note insérée dans le Recueil de la *Société Mathématique* de Prague, *sur le rôle de l'expérience dans les Sciences exactes* ([3]).

L'objet de cette dernière Note était de préciser d'une manière plus nette qu'on ne le fait d'habitude les caractères distinctifs qui séparent la Géométrie des Sciences physiques, et d'écarter des raisonnements mathématiques les preuves fondées sur cette chose si mal définie qu'on appelle l'*évidence* ou l'*intuition*. Il ne faut pas se lasser de le répéter : l'intuition n'est autre chose que l'expérience faite sans se déranger, et dans laquelle la mémoire remplace l'activité physique.

La question qui fait l'objet du travail de notre savant collègue a donné lieu, depuis dix ans, à de nombreux et remarquables travaux. Aux considérations élémentaires de Lobatchefsky et de Bolyai ont succédé les points de vue plus élevés des Riemann, des Helmholtz, des Beltrami, des Lipschitz, des Cayley, des Klein, des Souvorof, et ces recherches profondes ont puissamment servi à éclairer les principes de la Géométrie euclidienne elle-même, en faisant connaître leur véritable dépendance mutuelle. Notre but n'est pas de faire ici l'historique de ces travaux([4]), et nous nous bornerons à dire encore quelques mots sur ce qui concerne les questions analogues relatives à la Mécanique rationnelle.

Dans les traités les plus récents et les plus estimés sur cette science, la distinction entre les hypothèses et les théorèmes est, en général, beaucoup mieux établie qu'en Géométrie, et cependant

---

([1]) *Appendix scientiam spatii absolute veram exhibens, a veritate aut falsitate axiomatis XI Euclidei (a priori haud unquam decidenda) independentem.*

([2]) Voir t. VIII, p. XI.

([3]) Voir t. I (2ᵉ série), p. XIII.

([4]) Parmi les géomètres qui y ont contribué, et dont les ouvrages sont le plus connus en France, je crois toutefois devoir citer encore MM. Battaglini, Flye-Sainte-Marie, Frischauf, Cassani, König, von Escherich et Saleta.

elle ne l'est pas d'une manière assez nette ni assez certaine pour qu'il n'y ait pas lieu d'y revenir. L'auteur a exposé, à la fin de son travail, ses idées sur les principes de la Mécanique rationnelle; mais il ne pouvait y avoir utilité réelle à le faire que lorsque la première de toutes les sciences mathématiques applicables aux objets concrets, la science de l'étendue, ne présenterait plus elle-même aucune obscurité sous ce rapport. Chose étrange, les mathématiciens français, qui hésitent le plus à admettre les idées nouvelles en Géométrie, sont ceux qui ont le plus contribué à perfectionner les principes de la Mécanique, et qui les ont amenés au degré de clarté qu'ils possèdent aujourd'hui. Beaucoup d'entre eux sont d'avis que les axiomes fondamentaux de la Mécanique sont d'une autre nature que ceux de la Géométrie. Cette opinion est exprimée par Bour en ces termes [1] : « ... On ne peut dire que les principes de la Mécanique soient d'une *évidence* absolue, qu'ils s'imposent nécessairement à la raison comme les axiomes fondamentaux de la Géométrie. »

Le même auteur nous paraît bien plus près de la vérité lorsqu'il ajoute immédiatement : « Les principes de la Mécanique présenteraient plutôt le caractère de postulats, plus ou moins analogues à la proposition célèbre qui sert de base à la théorie des parallèles. » Seulement nous dirions, en retournant la phrase, que l'axiome des parallèles présente le même caractère que les principes de la Mécanique, et nous ajouterions que les autres axiomes de la Géométrie ne sont pas d'une nature différente.

Nous ne parlons, bien entendu, que des vrais axiomes de cette science, et non des vérités banales, conventionnelles ou de définition, telles que celle-ci : « Le tout est plus grand que la partie », que quelques auteurs ont abusivement introduites parmi les axiomes [2].

Nous dirons quelques mots, à la fin de ce Rapport, des idées de l'auteur sur la Mécanique. Occupons-nous d'abord de la partie géométrique, qui tient le plus de place dans le plan de l'ouvrage.

La série des axiomes géométriques habituellement adoptée est à la fois insuffisante et surabondante. Elle est insuffisante, parce que, en réalité, on suppose tacitement plusieurs faits que l'on n'a pas énoncés; mais elle est en même temps surabondante, parce qu'on y admet des faits qui peuvent être rigoureusement démontrés

---

[1] *Traité de Mécanique*, t. II, p. 5.
[2] Voir, à ce sujet, DUHAMEL, *Des Méthodes dans les Sciences de raisonnement*, t. II, p. 7.

au moyen de ceux qu'il faut accepter comme axiomes en tout état de cause. La difficulté de la question et les nombreuses divergences entre les auteurs de Traités tiennent surtout à ce que l'on manque d'un critérium sûr pour distinguer les faits démontrables de ceux qu'il faut admettre comme points de départ [1].

C'est principalement en cela que consistent l'utilité et la force de l'Analyse. On le comprendra mieux en lisant les premières pages du texte. Mais, *a priori,* on voit bien qu'en permettant de faire toute la Géométrie sans figures, l'Analyse débarrasse le géomètre de cette cause permanente d'erreurs, qui l'entraîne à prendre un fait résultant ou semblant résulter de la figure pour un fait certain et démontré.

Toutefois l'Auteur ne se sert de l'Analyse que pour l'objet précis dont il vient d'être question : la détermination certaine des principes qui ne peuvent être démontrés, et qui, d'après lui, n'ont été énoncés jusqu'ici d'une manière positive par aucun des auteurs qui ont traité la question.

Une fois ces principes admis, tout le reste de l'exposition est purement géométrique, et le but principal de l'Auteur a été le développement et la révision des théories géométriques, suivant lui incomplètes, de Lobatchefsky, de Bolyai, de Cassani, de Frischauf.

L'Auteur a cherché à réaliser certains *desiderata* émis par lui-même dans le *Bulletin des Sciences mathématiques et astronomiques* (t, VII, p. 305) : apporter plus de rigueur qu'on ne l'a fait jusqu'à présent dans l'établissement des principes antérieurs à l'axiome XI d'Euclide; une fois ces principes admis, ne plus recourir aux trois dimensions pour la recherche des lois de la Géométrie plane; enfin, déduire d'une même théorie les trois systèmes de Géométrie possibles. Il avait pensé d'abord emprunter à M. Cassani, outre le plan général de son ouvrage [2], deux propositions remarquables qu'il signalait dans le même *Bulletin* (t. V, p. 264). Tout en maintenant son appréciation favorable sur ces propositions, il a renoncé à suivre cette marche. Il est ensuite revenu à la théorie de Bolyai, qu'il a également abandonnée pour suivre une méthode entièrement nouvelle, dont on va voir le développement.

Les recherches de M. De Tilly sur les principes fondamentaux

[1] Ce sont ces derniers faits que l'on appelle, assez indifféremment, axiomes, postulats, hypothèses, principes primordiaux.

[2] *Geometria rigorosa di* Pietro Dott. Cassani, *prof. di Matematica e di Meccanica applicata presso l'Istituto tecnico di Venezia.* 1872.

de la Géométrie et de la Mécanique datent de bien longtemps
déjà; il les avait commencées et il était arrivé aux formules
fondamentales de la Géométrie abstraite ([1]), avant de savoir que
Gauss, Lobatchefsky et Bolyai l'eussent devancé dans cette étude.
C'est à lui que nous faisions allusion dans le *Bulletin des Sciences
mathématiques et astronomiques* ([2]), lorsque, en terminant une
Notice sur la vie et les travaux de Lobatchefsky, nous ajoutions :
« Il ne faut pas toutefois renoncer à l'idée de voir un jour les
fondements de la Géométrie établis sur cette base » (la démonstration de l'existence du plan) « d'une manière pleinement rigoureuse. Des tentatives récentes, dues à un géomètre qui a profon-
dément étudié la question, nous font espérer une prochaine solution
des difficultés qui restent encore à vaincre. »

Nous avons dit que, d'après l'Auteur, les vrais axiomes de la
Géométrie n'ont été jusqu'ici énoncés d'une manière positive par
aucun mathématicien. Les géomètres qui ont le mieux approfondi
la question et dont les résultats se rapprochent le plus des idées
exposées dans ce Mémoire, sont Riemann, Beltrami et Helmholtz;
mais Riemann et Beltrami partent d'une hypothèse trop compréhensive pour être jamais acceptée comme base de la Géométrie
élémentaire. Reste donc la série des axiomes de Helmholtz ([3]). Or
notre savant confrère pense que cette série ne répond pas parfaitement aux conditions que l'on doit exiger des vrais axiomes.
Les hypothèses 2 et 3 constituent le principe de l'invariabilité
des systèmes, et doivent être admises dans tous les cas; mais
l'admission préalable des notions premières de points, de lignes et
de surfaces permet, selon M. De Tilly, de démontrer rigoureusement les principes 1 et 4. Les géomètres auront donc à décider si
réellement la série des axiomes de M. Helmholtz est surabondante
et si l'illustre professeur de Berlin est allé trop loin en écrivant
ces lignes à la suite de son 4e principe : « Cette dernière proposition
qui, comme le montrent nos recherches, n'est pas contenue implicitement dans les précédentes... »

Comme l'a dit M. Liouville, « s'il est bon de revenir de temps à
autre sur les éléments des sciences, il faut que ce soit pour les
perfectionner, et non pour y changer çà et là quelques mots et

---

([1]) Voir ses *Études de Mécanique abstraite* (*Mémoires couronnés et autres
Mémoires* publiés par l'Académie royale de Belgique, in-8°, t. XXI, 1870).

([2]) T. I., 1870, p. 388.

([3]) *Mémoires de la Société des Sciences physiques et naturelles*, t. V, p. 372.

quelques phrases ». Notre confrère est resté fidèle à cette prescription. S'il transforme radicalement les parties dont l'exposition ne lui semblait pas rationnelle, il s'abstient de toute modification d'une utilité douteuse. Ainsi, par exemple, il n'a rien changé aux premières définitions relatives aux notions générales de surface, de ligne, etc.

Son exposition comprend la matière des huit Livres de la division classique des *Éléments* de Legendre, tandis que la plupart des ouvrages analogues s'arrêtent au premier. Mais, à partir du Livre II, alors que les modifications réellement utiles deviennent moins nombreuses et moins importantes, il s'est borné à les indiquer, en les rapportant à un ouvrage connu, qu'il suppose être entre les mains du lecteur, et dont il conserve les autres parties. C'est le *Traité de Géométrie* de MM. Rouché et de Comberousse ([1]).

Les démonstrations sont faites, en général, de manière à pouvoir être reproduites sans modifications dans la Géométrie usitée, et l'Auteur a indiqué, à la suite de chacune d'elles, ce qu'elle devient dans les autres systèmes de Géométrie. Ces indications ne sont pas inutiles, même au point de vue purement élémentaire; car la nécessité d'y éviter certaines hypothèses a conduit l'Auteur à des simplifications considérables, qui se sont trouvées parfaitement applicables à la Géométrie ordinaire. Nous n'en citerons pour exemples que la ligne droite considérée indépendamment du plan, le dièdre, l'aire du triangle sphérique, les maxima et minima des figures, etc.

En retranchant ces observations relatives à d'autres Géométries que la Géométrie pratique, et en supprimant aussi les discussions qui ont pour objet de justifier l'ordre suivi et la nécessité des axiomes admis; autrement dit, en supprimant tous les articles dont les numéros ne sont pas précédés d'un astérisque ou sont suivis d'une des lettres A (abstraite), D (doublement abstraite), O (observations), la partie conservée constituerait le développement de la Géométrie synthétique. Ce développement peut évidemment être encore simplifié, mais seulement par la suppression de certaines démonstrations que l'on considèrerait comme trop difficiles. Si l'on voulait aller plus loin; si, par exemple (comme dans la plupart des Traités actuels) on posait dès le début, comme axiome, l'existence de la droite, avec toutes les propriétés qu'on lui attribue dans la

---

([1]) De même, en Mécanique, il a pris comme point de départ le récent et excellent *Cours de Mécanique analytique* de M. Gilbert.

Géométrie ordinaire, on tomberait dans cet inconvénient, que l'exposition élémentaire de la science différerait de son exposition la plus scientifique autrement que par des suppressions. La rigueur pourrait être conservée, mais on y perdrait sous le rapport de la méthode.

En d'autres termes, dans l'exposition rationnelle que l'Auteur propose, les systèmes de Géométrie offrant plus de complication que la Géométrie ordinaire, sans utilité pratique, sont successivement écartés avec franchise, tandis que, dans les Traités existants, on laisse au lecteur cette idée inexacte, que le système de Géométrie qu'on lui expose est le seul possible.

Après avoir donné un aperçu général du but en vue duquel M. De Tilly a rédigé son travail, il nous reste à en indiquer rapidement le contenu.

L'Auteur rappelle d'abord les définitions ordinaires du point, de la ligne, de la surface, et il énumère alors les trois axiomes irréductibles qui forment la base de la Géométrie, savoir : 1° l'axiome de la *distance* et de ses propriétés essentielles, communes aux divers systèmes de Géométrie ; 2° l'axiome de l'augmentation indéfinie de la distance, qui exclut la Géométrie dite *elliptique* ou doublement abstraite, dans laquelle l'espace serait *rentrant sur lui-même;* 3° l'axiome de la parallèle unique, qui sépare la Géométrie usuelle ou euclidienne de la Géométrie *abstraite* de Lobatchefsky et de Bolyai.

On peut définir la position d'un point de l'espace avec une approximation indéfinie, sans avoir besoin d'aucune comparaison directe des portions de l'étendue, en concevant l'espace rempli par trois systèmes de surfaces dont on peut subdiviser à l'infini les intervalles, et auxquelles on attribuerait des numéros d'ordre. Entre deux points ainsi définis, il existe une certaine relation, dont nous n'avons d'idée que par le sentiment de la constance de l'impression qu'elle produit sur nos sens : c'est la *distance.* Cette quantité dépend des numéros des surfaces qui déterminent les deux points.

Les propriétés que l'expérience nous porte à admettre dans les êtres géométriques ne sont compatibles qu'avec trois formes générales de cette relation, formes dont chacune caractérise un des trois systèmes de géométrie dont nous venons de parler.

De là, l'Auteur passe aux notions de la sphère et du cercle, et il établit les propriétés de la rotation d'un système invariable autour d'un point fixe, puis autour de deux points fixes. Dans ce dernier mouvement, il existe une série continue de points immobiles, qui constitue la ligne droite, définie ainsi indépendamment du plan.

Vient ensuite l'étude des triangles, après laquelle l'Auteur établit la définition du plan, comme lieu décrit par une droite tournant autour d'une droite qui lui est perpendiculaire. Propriétés de la perpendiculaire au plan.

La ligne droite considérée dans le plan. Axiome des parallèles.

Tel est le contenu du Chapitre Ier. Le Chapitre II a pour titre : « Exposition de la Géométrie dans les Traités élémentaires » M. De Tilly passe en revue, numéro par numéro, le *Traité* de MM. Rouché et de Comberousse, en indiquant seulement le chiffre des articles auxquels il ne trouve rien à changer, et donnant pour les autres l'exposé succinct des modifications qu'il croit devoir y apporter. De cette manière, il a pu faire tenir en quarante pages tous les matériaux nécessaires pour reconstruire un Traité de Géométrie entièrement conforme aux principes établis dans le premier Chapitre, tout en conservant une forme appropriée à l'enseignement élémentaire.

Le Chapitre III contient un travail analogue sur la Trigonométrie usitée. Dans le Chapitre IV, l'Auteur indique les changements qu'il faudrait apporter à la Trigonométrie usitée pour l'approprier aux systèmes de Géométrie plus généraux.

Le Chapitre V traite des principes de la Mécanique. Après avoir indiqué les raisons pour lesquelles il y abandonne les systèmes plus compliqués que le système usuel, l'Auteur expose successivement ses idées sur la notion de vitesse et quelques points de cinématique, l'axiome de l'inertie, le théorème des vitesses virtuelles, les théorèmes généraux de la dynamique, enfin sur une question spéciale relative au mouvement de rotation d'un corps solide.

Tel est le résumé bien incomplet du beau travail que la Société sera, nous l'espérons, heureuse d'accueillir dans ses *Mémoires*, et qui nous semble appelé à attirer vivement l'attention du monde scientifique. Par l'insertion de ce travail, la Société, dans l'espace de douze ans, aura fait connaître à la France l'alpha et l'oméga de la nouvelle Géométrie. Lobatchefsky, le premier révélateur de cette doctrine, a été dépassé. Nous croyons que les conceptions de M. De Tilly ne seront pas dépassées de sitôt.

J. HOÜEL.

ESSAI

SUR LES PRINCIPES FONDAMENTAUX

DE LA GÉOMÉTRIE ET DE LA MÉCANIQUE

CHAPITRE Ier
Géométrie générale.

---

§ 1er. — *Les notions premières.* — *L'axiome principal.*

*1. La série des axiomes géométriques habituellement adoptée
est à la fois insuffisante et surabondante. Elle est insuffisante,
parce que, en réalité, on suppose tacitement plusieurs faits non
énoncés; mais elle est en même temps surabondante, parce qu'on
y admet des faits qui peuvent être rigoureusement démontrés au
moyen de ceux qu'il faut accepter comme axiomes en tout état
de cause. Dans le présent travail on a cherché à éviter ces défauts.
On a cherché, de plus, à n'employer, dans la démonstration de
chaque propriété géométrique, que le nombre d'axiomes strictement nécessaire, à moins qu'il ne résulte du contraire une
simplification très notable.

*2. *Notions premières.* — On appelle *surface* la limite de deux
portions de l'espace. Nous nous élevons à l'idée abstraite
de *surface* par la considération d'une enveloppe, ou cloison
matérielle, dont nous réduisons indéfiniment l'épaisseur.

La limite de deux portions de surface s'appelle *ligne.* Deux
surfaces qui se rencontrent se limitent réciproquement; l'intersection de deux surfaces est donc une ligne. On s'est élevé à l'idée

abstraite de *ligne*, soit par la considération d'une tige très mince, soit par celle de la rencontre de deux cloisons, ou de la trace laissée sur la superficie d'un corps par le contact d'une autre surface.

La limite de deux portions de ligne s'appelle *point*. Une ligne peut être limitée par sa rencontre avec une surface ou avec une autre ligne; ainsi l'intersection de deux lignes ou d'une surface et d'une ligne est un point. L'intersection de trois surfaces est aussi, en général, un point. L'idée de *point* est venue de la considération d'un corps dont les dimensions étaient indéfiniment réduites.

On donne le nom de *figure* à un ensemble quelconque de surfaces, de lignes et de points.

L'étude des propriétés des figures constitue l'objet de la géométrie.

*3. Outre les notions premières que nous venons de rappeler, la géométrie emprunte à l'*expérience* un certain nombre de données, qu'on appelle *axiomes*.

4(¹). Il est bien entendu que le résultat de l'expérience est idéalisé par notre esprit, pour constituer alors un *axiome* ou une *hypothèse*, ou un point de départ absolu d'une science qui sera toujours logiquement exacte, mais pourra ne pas correspondre aux faits et s'en écarter de plus en plus, s'il se trouve que le point de départ lui-même n'était pas rigoureusement vrai. L'expérience n'est donc que le point de départ, l'occasion qui fait naître dans notre esprit les idées dont nos axiomes sont la traduction. Cette observation a déjà été faite dans la Préface. Chaque fois que les mots *expérience* ou *principe expérimental* se rencontreront dans la suite, il faudra les entendre dans ce sens.

(¹) Les articles précédés de numéros sans astérisques ne font pas partie de l'exposition synthétique de la géométrie, mais renferment des observations, des discussions, ou des détails sur les systèmes de géométrie autres que le système usuel. On peut en faire abstraction dans une première lecture.

'5. Nous verrons que les axiomes de la géométrie peuvent se réduire à *trois*, savoir : celui de la distance et de ses propriétés essentielles, celui de l'augmentation indéfinie de la distance, et celui de la parallèle unique.

Ces axiomes sont indémontrables, c'est-à-dire qu'aucun d'eux ne peut être, ni établi séparément, ni déduit logiquement des autres.

Le premier seul est un *axiome principal*, c'est-à-dire indispensable pour l'établissement d'un système quelconque de géométrie. Les deux autres sont *secondaires* ou de simplification. Ils servent uniquement à écarter des systèmes de géométrie plus compliqués en théorie que le système usuel, mais cependant complets, logiquement possibles et conduisant, en pratique, aux mêmes résultats que la géométrie usitée, dans les limites de nos moyens de mesure.

6. PREMIER AXIOME OU AXIOME PRINCIPAL. — *Définition de la distance par ses propriétés essentielles.* — La *distance* ou l'*intervalle* de deux points de l'espace est une grandeur, dont nous avons la notion intuitive ou expérimentale, et qui est comparable aux grandeurs de même espèce, considérées en même temps ([1]), de telle sorte que nous possédons l'idée primordiale de deux intervalles égaux ou inégaux, de deux distances égales ou inégales, abstraction faite de tout moyen pratique et précis de mesure et en particulier de toute idée de superposition, laquelle constituerait une pétition de principe.

L'idée que nous nous faisons de la distance de deux points implique deux propriétés essentielles, qui peuvent servir à compléter la définition de cette notion de distance :

1° La distance varie, dans l'espace, d'une manière continue, c'est-à-dire que, si l'on considère une ligne limitée quelconque AB, la distance des points de cette ligne à l'une de ses extrémités, B par exemple, varie d'une manière continue depuis AB ([2]) jusqu'à

([1]) Cette notion sera complétée plus loin.
([2]) Nous adopterons cette notation pour désigner la distance de deux points A et B.

zéro. Cependant, si la ligne AB est quelconque, la distance en
question pourra avoir des maxima et des minima, mais sans
cesser d'être continue, et, puisqu'elle doit aboutir à *zéro,* il y aura
nécessairement, dans le voisinage du point B, une région B'B
sur laquelle la distance au point B ira toujours en diminuant si
l'on marche vers B, ou en croissant si l'on part de B.

2° Étant donné un système de points, en nombre fini ou
infini, ABCD... (en d'autres termes, une figure quelconque),
et un point B' tel que AB' = AB, il existe des points C', D',...,
tels que le système AB'C'D'... soit absolument identique au
premier, c'est-à-dire que, dans ces deux systèmes, les distances
entre les couples de points correspondants ou homologues (¹)
soient toutes égales deux à deux (²).

7. Le caractère d'un véritable axiome est d'être à la fois
indispensable et indémontrable; nous allons donc rechercher si
l'axiome précédent possède ce double caractère dans toutes ses
parties.

Examinons d'abord si toutes ses parties sont indispensables.
Or, pourrait-on imaginer un système de géométrie dans lequel
n'entrerait pas l'idée de la distance de deux points? Ou bien un
système dans lequel, en remplaçant un point par un autre, aussi
voisin que l'on veut du premier, les relations de ce point avec les
autres points de la figure se trouveraient brusquement modifiées?
Ou encore un système dans lequel une figure existant en un
certain lieu de l'espace, ne pourrait pas exister en un autre lieu?
De là ne résulte nullement que ces propriétés soient absolument
certaines, mais seulement qu'il faut les admettre si l'on veut qu'il
existe un système de géométrie applicable à toutes les parties de
l'espace.

Admettons maintenant, ce qui va être expliqué bientôt, que
ces différentes parties de l'axiome soient aussi indémontrables,

---

(¹) Les points correspondants ou homologues sont indiqués par une même lettre.
(²) Nous retrouverons bientôt ce même axiome, autrement exprimé par l'introduction explicite de l'idée de mouvement.

c'est-à-dire qu'on ne puisse, ni les prouver directement, ni les déduire les unes des autres. Il sera alors établi que ces propriétés, à la fois indémontrables et indispensables, *peuvent servir d'axiomes géométriques.*

8. Il ne faudrait pas, toutefois, s'exagérer l'importance de cette discussion et s'imaginer que les axiomes dont il s'agit *doivent* nécessairement être adoptés de préférence à d'autres. En effet, si ces axiomes ou ces parties d'axiomes ne peuvent être, ni démontrés directement, ni déduits les uns des autres, rien ne prouve cependant qu'ils ne puissent pas être tous déduits d'un *autre* principe convenablement choisi.

En effet, il existe une infinité de propositions de géométrie qui supposent la vérité de toutes les parties de notre axiome et même des autres axiomes que nous rencontrerons ultérieurement, et parmi ces propositions il en est plusieurs dont l'énoncé est intelligible dès le début de la géométrie; n'est-il pas évident qu'en plaçant l'une de ces propositions au début, comme axiome ou comme hypothèse, toute la géométrie s'en déduirait rigoureusement? Les hypothèses fondamentales de Riemann et de M. Beltrami en offrent des exemples frappants.

Mais la question est de savoir si cet axiome, qui remplacerait notre axiome I; qui serait, comme celui-ci, une définition de la notion primordiale de distance, mériterait de lui être préféré, au moins sous le rapport de la simplicité. La distance est définie ici par deux propriétés simples; lors même que l'on parviendrait à la définir par une propriété unique, il est fort probable que cette propriété serait infiniment plus compliquée, plus compréhensive, moins propre à être admise au début, comme point de départ de la science, vérifié par l'expérience de chaque jour. Il en est ainsi pour toutes les propriétés qui ont été proposées jusqu'ici ou que l'on peut aisément imaginer, et sans prétendre assigner des bornes infranchissables à l'esprit d'invention des géomètres futurs, il est permis de penser que la forme de notre axiome est l'une des meilleures possibles.

9. Nous ne nous arrêterons que pour mémoire à l'exposition vicieuse des auteurs de traités élémentaires : la plupart ne parlent même pas de la notion de distance, mais ils la sous-entendent constamment. Si les démonstrations des auteurs de traités étaient valables par elles-mêmes, et indépendamment des notions sous-entendues que nous rétablissons explicitement, les théories que ces auteurs exposent pour le plan seraient applicables à des sur: faces quelconques.

10. Mais il nous reste à expliquer pourquoi toutes les parties de l'axiome sont indémontrables, et cette explication qui, on le sait, est basée sur l'analyse, nécessite des développements assez longs, lesquels, il est vrai, serviront encore aux axiomes suivants.

Observons d'abord que les notions, déjà acceptées, de surface, de ligne et de point suffisent pour établir que tout point de l'espace peut être déterminé par trois coordonnées. En effet, imaginons, en partant d'un point central quelconque O, une série de surfaces continues, connexes et fermées (¹) enveloppant ce point, et dont chacune enveloppe en outre les précédentes, c'est-à-dire les laisse du même côté que le point O. Numérotons ces surfaces depuis 1 (la plus voisine du point O) jusqu'à l'infini, si l'espace est infini ; jusqu'à un nombre entier quelconque, dans le cas contraire (²). Sur chacune de ces surfaces, partons d'un point O′, et traçons une série de lignes continues et fermées, enveloppant ce point et dont chacune enveloppe en outre les précédentes. Numérotons-les sur chaque surface à partir du point O′ de cette surface. Enfin, partageons chaque ligne en segments par des points de division et numérotons les segments.

(¹) Une ligne est dite fermée lorsque, en la suivant par la pensée à partir d'un point quelconque, on revient au point de départ. Il faut entendre ici par surface fermée, une surface telle que, partant d'un point quelconque de cette surface et traçant autour de ce point, sur la surface, une série de lignes fermées quelconques, infiniment voisines, dont chacune enveloppe les précédentes, on puisse, après avoir ainsi épuisé toute la surface, aboutir à un autre point, auquel les courbes viennent se réduire.

(²) Cette distinction et ce doute pourront étonner à première lecture. On les comprendra mieux dans la suite.

Il est clair qu'alors chaque segment pourra être représenté, déterminé ou défini par trois nombres, dont l'un désignera la surface fermée sur laquelle le segment se trouve, dont le second indiquera la courbe et le troisième le segment lui-même. On pourra maintenant resserrer indéfiniment le réseau par des surfaces, des lignes et des points de division intermédiaires, de manière *qu'à la limite* chaque segment se réduise à un point, dont la position ne cessera pas d'être déterminée par trois nombres.

On pourra, si l'on veut (et cela ajoute à la clarté de l'exposition), imaginer que chaque fois on intercale entre les surfaces, les lignes, les points de division déjà existants, *neuf* surfaces nouvelles, *neuf* lignes nouvelles ou *neuf* points nouveaux. Alors la détermination déjà obtenue précédemment subsisterait et il suffirait, pour tenir compte des nouvelles divisions et déterminer l'un des nouveaux segments, d'ajouter, à chacun des nombres qui exprimaient approximativement ses coordonnées, une décimale nouvelle, conformément à la numération ordinaire. Il est visible aussi qu'à mesure que la construction avancera vers sa limite, on pourra, à chaque instant, régler les courbes et les points de division, dont on dispose arbitrairement, de manière qu'à la limite deux courbes de même numéro sur deux surfaces infiniment voisines soient aussi infiniment voisines et que, sur une même surface, deux segments de même numéro appartenant à deux courbes infiniment voisines soient aussi infiniment voisins. De cette manière, la condition de continuité sera remplie.

Peu nous importe maintenant que le réseau servant à mesurer les coordonnées se déforme ou se déplace, ce qui d'ailleurs n'a pas encore pour nous de sens précis : à chaque instant, trois nombres donnés représentent un et un seul point de l'espace, et cela nous suffit.

Il est évident que l'on peut imaginer une infinité de systèmes de coordonnées, d'abord parce que le réseau ou le procédé quelconque servant à les déterminer est arbitraire (celui qui précède n'a été donné que comme exemple), ensuite parce que l'on peut adopter, comme coordonnées définitives, des fonctions quelconques de celles que le réseau détermine, pourvu que la connaissance des coordonnées définitives permette d'en déduire sans ambiguïté les coordonnées géométriques.

Ainsi, la notion de la détermination de chaque point de l'espace par trois coordonnées est une notion claire dès le début de la géométrie. Elle ne sera jamais employée, toutefois, dans l'exposition même de nos méthodes géométriques, mais seulement, comme nous l'avons déjà dit, lorsqu'il s'agira de faire présumer que cette exposition est la plus rationnelle, parce que les axiomes qu'elle conserve ne sauraient être démontrés d'aucune manière.

11. Grâce à la notion des coordonnées, nous pouvons maintenant définir la distance de deux points ayant respectivement pour coordonnées x_1, y_1, z_1, x_2, y_2, z_2, comme une simple fonction de ces six coordonnées, c'est-à-dire de la position des deux points donnés dans l'espace :

$F(x_1, y_1, z_1, x_2, y_2, z_2)$, ou, par abréviation, F_{12}.

Mais nous distinguerons, en théorie, trois espèces de distances :

a. Les distances idéales;

b. Les distances analytiques, rationnelles ou abstraites;

c. La distance physique, usuelle, ou expérimentale (¹).

12. *a.* Les distances idéales sont des fonctions absolument quelconques de x_1, y_1, z_1, x_2, y_2, z_2.

13. *b.* Les distances analytiques, rationnelles ou abstraites sont des fonctions de x_1, y_1, z_1, x_2, y_2, z_2, satisfaisant à toutes les conditions de l'axiome I, lesquelles, exprimées analytiquement, sont les suivantes :

1º La fonction F doit varier d'une manière continue avec les coordonnées.

(¹) Les expressions que nous préférons sont: *analytiques* et *physiques*. Toutefois nous dirons *géométrie générale* pour éviter le terme : *géométrie analytique,* lequel serait peut-être le meilleur, s'il n'avait pas acquis une autre signification. Nous ne disons pas *géométrie abstraite,* car nous verrons que la géométrie générale se divise en trois branches : la géométrie usitée, la géométrie abstraite et la géométrie doublement abstraite.

2° Appelons, pour abréger, 1 le point dont les coordonnées sont x_1, y_1 et z_1, et 2 le point dont les coordonnées sont x_2, y_2 et z_2. Etant donné un point 2' (coordonnées x'_2, y'_2 et z'_2), tel que $F_{12} = F_{12'}$, il existe un système de points comprenant les deux points donnés 1 et 2', et identique, sous le rapport des distances de tous les couples de points de mêmes numéros, avec un système donné 1234...

C'est là le point le plus difficile, ou, pour mieux dire, le plus long à vérifier, pour une fonction donnée F. Pour faire cette vérification, on prendra, outre les points donnés x_1, y_1, z_1 (ou 1); x_2, y_2, z_2 (ou 2), un troisième point x_3, y_3, z_3 (ou 3), tel que

$$F_{12} = F_{13} = F_{23}.$$

(Ce choix du troisième point n'a d'autre objet que d'éviter le cas d'exception correspondant à celui, où, dans la géométrie ordinaire, les trois points choisis (1, 2, 3) se trouveraient en ligne droite).

Déterminons encore, par le calcul, les trois coordonnées x'_3, y'_3, z'_3, de manière à satisfaire aux équations

$$F_{12} = F_{13'} = F_{2'3'}.$$

Les coordonnées x_3, y_3, z_3, x'_3, y'_3, z'_3, étant déterminées (et elles pourront l'être, en général, d'une infinité de manières), prenons deux points quelconques du système donné :

$$x_4, y_4, z_4; x_5, y_5, z_5;$$

et déterminons les trois coordonnées x'_4, y'_4, z'_4, de manière à satisfaire aux trois équations

$$F_{14} = F_{14'}, F_{24} = F_{2'4'}, F_{34} = F_{3'4'};$$

puis encore les trois coordonnées x'_5, y'_5, z'_5, de manière à satisfaire aux trois équations

$$F_{15} = F_{15'}, F_{25} = F_{2'5'}, F_{35} = F_{3'5'}.$$

Ces six coordonnées x'_4, ... z'_5 devront alors vérifier identiquement l'équation :

$$F_{45} = F_{4'5'}.$$

S'il n'en est pas ainsi, la fonction F ne pourra représenter une distance analytique, rationnelle, ou abstraite ; mais si, au contraire, la vérification réussit, il sera inutile d'aller plus loin, car tous les couples de points que l'on pourrait considérer joueraient par rapport au système (1, 2, 3) le même rôle que le couple (4, 5) et, par conséquent, au moyen de cette détermination des points du second système correspondant à des points donnés du premier, on égalise deux à deux *toutes* les distances analytiques des couples de points.

Ainsi la question de savoir si la fonction F peut représenter une distance analytique se trouvera résolue *après un nombre limité de calculs déterminés.*

14. Il sera démontré simplement et rigoureusement, dans ce mémoire, que, pour satisfaire aux deux conditions indiquées, la fonction F ne peut affecter que l'une des trois formes analytiques suivantes :

$$(1) \qquad F_{12} = \sqrt{(x_1 - x_2)^2 + (y_1 - y_2)^2 + (z_1 - z_2)^2},$$

ou bien

$$(2) \quad F_{12} = \frac{A}{\pi} \text{arc cos hyp} \frac{1 - \text{th}\frac{\pi x_1}{A}\text{th}\frac{\pi x_2}{A} - \text{th}\frac{\pi y_1}{A}\text{th}\frac{\pi y_2}{A} - \text{th}\frac{\pi z_1}{A}\text{th}\frac{\pi z_2}{A}{}^{(1)}}{\sqrt{\left(1 - \text{th}^2\frac{\pi x_1}{A} - \text{th}^2\frac{\pi y_1}{A} - \text{th}^2\frac{\pi z_1}{A}\right) \times \left(1 - \text{th}^2\frac{\pi x_2}{A} - \text{th}^2\frac{\pi y_2}{A} - \text{th}^2\frac{\pi z_2}{A}\right)}}.$$

ou enfin

$$(3) \quad F_{12} = \frac{D}{\pi} \text{arc cos} \frac{1 + \text{tg}\frac{\pi x_1}{D}\text{tg}\frac{\pi x_2}{D} + \text{tg}\frac{\pi y_1}{D}\text{tg}\frac{\pi y_2}{D} + \text{tg}\frac{\pi z_1}{D}\text{tg}\frac{\pi z_2}{D}}{\sqrt{\left(1 + \text{tg}^2\frac{\pi x_1}{D} + \text{tg}^2\frac{\pi y_1}{D} + \text{tg}^2\frac{\pi z_1}{D}\right) \times \left(1 + \text{tg}^2\frac{\pi x_2}{D} + \text{tg}^2\frac{\pi y_2}{D} + \text{tg}^2\frac{\pi z_2}{D}\right)}}.$$

(1) th signifie *tangente hyperbolique.* Le sens de cette expression va être expliqué immédiatement.

Dans ces formules, les expressions arc cos, arc cos hyp, tg, th, ainsi que le nombre π, n'ont (et ne pourraient avoir sans pétition de principe) aucune signification géométrique. Voici le sens précis qu'il faut y attacher.

On appelle, respectivement, sinus et cosinus de la quantité a les sommes des séries convergentes

$$a - \frac{a^3}{2.3} + \frac{a^5}{2...5} - \cdots,$$

$$1 - \frac{a^2}{2} + \frac{a^4}{2...4} - \cdots.$$

On appelle, respectivement, sinus et cosinus hyperboliques de cette même quantité les sommes de ces mêmes séries, dans lesquelles tous les signes — auront été changés en +.

On désigne par arc cos b ou par arc cos hyp b la plus petite des quantités positives dont le cosinus, ou le cosinus hyperbolique, est égal à b.

On désigne, respectivement, par tg a et th a les quotients $\dfrac{\sin a}{\cos a}$ et $\dfrac{\operatorname{sh} a}{\operatorname{ch} a}$.

Quant au nombre π, on verra qu'il s'introduit dans la géomé-trie générale comme limite de l'expression

$$2^n \sqrt{2 - \sqrt{2 + \sqrt{2 + \sqrt{2 + \cdots}}}},$$

où le nombre des radicaux est égal à n, et où n augmente indéfiniment [1]. On pourrait le définir aussi par l'équation

$$\cos \pi = -1,$$

ce qui revient au même.

Dans l'expression (2), les coordonnées doivent être supposées telles que la quantité soumise au radical soit positive.

---

[1] On sait que cette expression est aussi la valeur de π en géométrie usitée, mais elle s'y introduit comme représentant le rapport de la circonférence au diamètre, ce qui n'est pas le cas dans la géométrie générale.

Les trois formes indiquées se réduisent à la rigueur à deux, car en faisant $A = \infty$ dans la seconde, ou $D = \infty$ dans la troisième, on retrouve la première.

15. Pour comprendre la possibilité de ce fait que la fonction $F_{1,2}$ ne puisse affecter que l'une des trois formes (1), (2) ou (3), il faut bien observer que l'on ne considère pas comme des formes différentes celles qui pourraient être ramenées les unes aux autres par de simples transformations de coordonnées. Encore faut-il qu'il s'agisse de transformations réelles; car si l'on admettait les transformations imaginaires, on pourrait dire qu'il n'y a qu'une seule forme, par exemple (3), qui se réduit à (1), comme on le sait déjà, en faisant $D = \infty$, et qui se réduit au contraire à (2), si l'on remplace D par $\pm A\sqrt{-1}$; mais nous préférons conserver les trois formes distinctes et ne nous occuper que de valeurs réelles et finies.

16. Suivant que l'on adopte l'une ou l'autre des formes (1), (2) ou (3), on obtient trois systèmes de géométrie différents. Le premier a reçu le nom de géométrie usitée. Nous donnerons au second le nom de géométrie abstraite et au troisième celui de géométrie doublement abstraite (1). A chaque valeur particulière de A ou de D correspond une variété de la géométrie abstraite ou doublement abstraite; mais il n'y a en réalité que trois systèmes de géométrie, différant entre eux autrement que par la valeur numérique d'un paramètre.

17. On comprendra mieux plus tard la raison d'être des dénominations adoptées; mais il convient d'indiquer dès maintenant la signification des constantes D et A, et le motif pour lequel on n'a pas englobé dans ces constantes le dénominateur π.

Dans la géométrie doublement abstraite, le maximum de la distance de deux points, évalué d'après la formule (3), est égal à D.

---

(1) On donne aussi à ces trois géométries, d'après MM. Schering et Beltrami, les noms respectifs de géométrie euclidienne, géométrie gaussienne et géométrie riemannienne.

D est à la fois l'initiale de « Distance (maximum) » et celle de « Doublement (abstraite) ».

Dans la géométrie abstraite, la distance, évaluée d'après la formule (2), n'a pas de limite supérieure ; mais la constante est conservée par analogie, parce que la formule (2) se tire de (3) en remplaçant D par $A\sqrt{-1}$. On peut lui trouver une signification réelle, comme à D, au moyen de la considération des aires : en effet, dans la géométrie abstraite, les distances n'ont plus de limite, mais les aires des figures rectilignes fermées en ont une, et le plus grand triangle possible a pour surface $\frac{A^2}{\pi}$. D'ailleurs A est à la fois l'initiale de « Abstraite » et celle de « Aire ».

18. *c.* Enfin la distance physique est la fonction spéciale des six coordonnées qui possède la même valeur numérique pour un couple quelconque de points et pour le couple de points *homologue*, dans deux objets physiques, qui, considérés en même temps, nous paraissent identiques sous tous les rapports.

Par cela même que cette identité apparente entre deux objets considérés en même temps est pour nous une notion vague, nous ne savons pas quelle est la fonction des coordonnées qui est ici identique d'un système à l'autre, ni même s'il en existe une qui jouisse rigoureusement de cette propriété ; mais, si elle existe, elle doit nécessairement être comprise parmi les distances analytiques, dont l'expression est (1), (2) ou (3).

Si l'on parvenait à démontrer directement, par un moyen quelconque, l'existence d'une distance physique, jouissant de la propriété indiquée, on aurait par là même découvert une loi du monde matériel, que l'on pourrait énoncer ainsi :

L'identité des *sensations* que nous font éprouver deux corps dépend d'une *relation analytique* entre les coordonnées (mesurées d'après un certain système déterminé) des points de ces corps.

Or cela est inadmissible. Comme le dit Duhamel ([1]), les lois du monde matériel auraient pu être autres qu'elles ne sont, et par

---

([1]) *Des Méthodes dans les sciences de raisonnement*, t. IV, p. XVI.

conséquent aucune d'elles ne peut être découverte *à priori* par le simple raisonnement, sans le secours de l'expérience, ou sans l'admission préalable de lois antérieures.

19. La partie du texte qui représentera le développement de la géométrie synthétique usuelle devant pouvoir s'appliquer à la géométrie physique, la seule qui soit accessible aux commençants, la seule aussi qui trouve des applications pratiques, il a fallu y considérer l'existence même de la distance comme une hypothèse ou un axiome, puisque nous venons de voir que l'existence même de la distance physique (avec les propriétés des distances analytiques) résulte uniquement du témoignage de nos sens imparfaits et ne peut donc être affirmée d'une manière absolue. Voilà pourquoi, dans l'énoncé de l'axiome (n° 6), cette notion de distance est présentée comme une notion première non définissable (¹), tandis que, dans les explications qui suivent cet énoncé, elle est ramenée à d'autres notions déjà acceptées, mais seulement pour les distances analytiques et non pour la distance physique.

Une fois l'existence de celle-ci admise, on conçoit que tout le problème de la géométrie physique consisterait à déterminer dans laquelle des trois formes (1), (2) ou (3) cette distance physique est comprise, en fonction de quelles coordonnées elle est ainsi exprimée, et quelle est la valeur correspondante de la constante A ou D. Mais nous verrons bientôt que ce problème aussi est insoluble, autrement que par l'expérience.

20. Il ne suffit pas, toutefois, que l'existence d'une distance avec les deux propriétés simultanées, exigées par l'axiome, soit indémontrable. Il faut aussi que chacune de ces propriétés le soit, même en admettant l'autre. Pour s'en assurer, il suffit de trouver deux fonctions qui, prises séparément comme définition

---

(¹) Cependant ce numéro n'est pas précédé d'un astérisque, parce que l'axiome sera reproduit plus loin (n° 27), sous une forme encore plus propre à l'enseignement ordinaire.

de la distance, répondent, l'une à la première propriété seule, l'autre à la seconde seulement. Il sera ainsi bien établi que l'une de ces propriétés n'est pas une conséquence de l'autre.

Or, d'une part, toute fonction continue des coordonnées $x_1, y_1, z_1, x_2, y_2, z_2$ répond à la première propriété, et cependant, si elle est différente des formes indiquées au n° 14, elle ne répond pas à la seconde.

D'autre part, ayant adopté provisoirement l'une des fonctions du numéro cité comme valeur de la distance, on pourra ensuite la rendre discontinue, par exemple en admettant que l'on passe brusquement de la distance 1 à la distance 2, toutes les distances *supérieures* à 1 ayant pour évaluation numérique leur valeur provisoire augmentée d'une unité, de sorte que les distances depuis $1 + \varepsilon$ (ε infiniment petit) jusqu'à 2 n'existeraient pas.

Ce mode d'évaluation numérique n'empêcherait pas la fonction-distance de répondre à la seconde partie de l'axiome, puisque les distances qui seraient égales dans l'évaluation provisoire le seraient encore dans l'évaluation définitive, et cependant la distance serait maintenant discontinue, donc ne répondrait pas à la première propriété.

21. L'axiome de la distance peut prendre une autre forme par l'introduction explicite des idées du temps et du mouvement dans l'espace.

Deux systèmes de points considérés à des époques différentes sont dits identiques, lorsque dans ces deux systèmes les distances entre les couples de points correspondants ou homologues sont toutes égales deux à deux.

L'idée de la comparaison de deux distances à des époques différentes est une idée spéciale, entièrement distincte de la comparaison de deux figures existant à une même époque. Elle n'est pas indispensable théoriquement, car on pourrait se borner à l'étude d'une géométrie instantanée ([1]); mais la notion du temps

---

([1]) Antérieurement au numéro actuel, nous n'avons fait que de la géométrie instantanée.

est indispensable pour les applications de la géométrie et de plus, en menant à la considération du mouvement réel, elle simplifie le langage géométrique et prépare à l'étude de la mécanique rationnelle.

22. Lorsqu'un système de points reste constamment identique à lui-même dans la suite du temps, il est dit *invariable*.

23. En géométrie théorique (lorsque, du moins, on veut y introduire l'idée du mouvement), on rapporte tous les points de l'espace à un système invariable déterminé, et l'on appelle point fixe ou *immobile,* par rapport à ce système, un point dont la position est telle, dans la suite du temps, qu'il puisse être considéré comme faisant partie du système de comparaison invariable.

24. Un point qui n'est pas fixe, c'est-à-dire qui se rapproche ou s'éloigne de certains points du système de comparaison, est appelé *point mobile*.

On dit qu'un système invariable (autre, naturellement, que le système de comparaison) se meut, quand il renferme des points mobiles.

Dans les applications, le système absolument invariable doit être remplacé par un système que l'on suppose invariable, ou qui ne l'est qu'approximativement, par exemple la terre, ou quelquefois le système des étoiles fixes.

Dans tous les cas, nous ne considérons que le mouvement relatif, c'est-à-dire le rapprochement ou l'éloignement par rapport à un *système invariable donné*, sans rechercher si ce dernier est lui-même fixe ou mobile, ce qui, d'ailleurs, n'aurait pour nous aucun sens précis, car lorsqu'on fait abstraction de la matière ou de la masse, comme on doit le faire en géométrie pure, il est impossible de définir la fixité absolue et le mouvement absolu.

25. Le principe du mouvement d'un point consiste en ce que tout point de l'espace peut être amené par le mouvement sur tout autre point quelconque.

Le principe du mouvement d'un système invariable de points consiste en ceci :

Soient ABCD ..., A'B'C'D' ... deux systèmes identiques, entre lesquels existe une suite continue de systèmes identiques, dont chacun est aussi voisin que l'on veut de ceux qui le précèdent ou le suivent dans la série.

Considérons un point mobile partant de A et parcourant la série de points homologues A ... A'. Considérons un second point mobile partant de B et parcourant la série B ... B', de manière à se trouver à chaque instant, avec A, dans un même système $A_{\cdot}B_{\cdot}C_nD_{\cdot}$ .... Faisons de même pour tous les autres points. Le système parti de ABCD ... arrivera ainsi en A'B'C'D'..., après être resté invariable pendant tout le parcours.

Ainsi l'idée du mouvement d'un système invariable n'ajoute rien à celle d'une série continue de systèmes identiques ou congruents. Elle ne fait que fournir des termes nouveaux pour exprimer plus élégamment une idée déjà admise. Les points qui se meuvent d'un système à l'autre remplacent la pensée, qui devrait aussi se porter de l'un sur l'autre pour les comparer.

En employant ces termes, on se prépare à la mécanique rationnelle, où la double notion du mouvement et du temps, entendue comme nous venons de l'expliquer, est indispensable et constitue un principe séparé, tandis qu'en géométrie pure, on reste libre, ou de comprendre les choses de la même manière qu'en mécanique, ou de ne voir dans le mouvement qu'une manière de parler et de n'établir qu'une géométrie instantanée, dans laquelle la comparaison des figures, sous le rapport de l'identité, ou bien le mouvement qui la remplace, se ferait avec une vitesse infinie.

26. Nous allons maintenant reprendre notre axiome Ier dans toutes ses parties et nous répéterons, en employant à dessein les mêmes termes (autant que possible), tout ce que nous en avons dit précédemment, afin de bien faire sentir l'analogie entre les deux expositions, dont la seconde, celle qui admet l'idée du

temps et du mouvement, nous paraît devoir être seule conservée dans l'enseignement.

*27. PREMIER AXIOME OU AXIOME PRINCIPAL. — *Définition de la distance par ses propriétés essentielles.* — La *distance* ou l'*intervalle* de deux points de l'espace est une grandeur, dont nous avons la notion intuitive ou expérimentale et qui est comparable aux grandeurs de même espèce, considérées, soit en même temps, soit avant ou après ([1]), de telle sorte que nous possédons l'idée primordiale de deux intervalles égaux ou inégaux, de deux distances égales ou inégales, abstraction faite de tout moyen pratique et précis de mesure, et en particulier de toute idée de superposition, laquelle constituerait une pétition de principe.

L'idée que nous nous faisons de la distance de deux points implique deux propriétés essentielles, qui peuvent servir à compléter la définition de cette notion de distance :

1° La distance varie, dans l'espace, d'une manière continue, c'est-à-dire que, si l'on considère une ligne limitée quelconque AB, la distance des points de cette ligne à l'une de ses extrémités, B par exemple, varie d'une manière continue depuis AB jusqu'à zéro.

Cependant, si la ligne AB est quelconque, la distance en question pourra avoir des maxima et des minima, mais sans cesser d'être continue, et, puisqu'elle doit aboutir à *zéro*, il y aura nécessairement, dans le voisinage du point B, une région B'B sur laquelle la distance au point B ira toujours en diminuant si l'on marche vers B, ou en croissant si l'on part de B. Nous l'appellerons la *région de croissance continue.*

28. On voit que ce 1° est en grande partie la reproduction textuelle de celui du n° 6, mais nous avons dû le recopier, pour que l'exposition élémentaire (indiquée par les numéros précédés d'un astérisque) soit complète.

([1]) *Soit avant ou après;* c'est par ces mots, qui n'existaient pas dans l'énoncé du n° 6, que s'introduit d'abord la notion du temps.

Le 2°, que nous allons reproduire maintenant, est au contraire une traduction du 2° du n° 6, dans le langage (réel ou conventionnel à volonté) du temps et du mouvement. Il y a même une observation à présenter relativement à cette traduction : nous en ferons l'objet du n° 30.

*29. 2° Étant donné un système de points en nombre fini ou infini ABCD ... (en d'autres termes une figure quelconque), et un point B′ de l'espace tel que $AB′ = AB$, on peut faire *mouvoir* le système donné, autour du point A tenu *immobile,* de manière que ce système reste *invariable* (¹) et que le point B soit amené sur B′.

30. Il ne faut pas dissimuler que cette seconde partie de l'axiome n'est pas une traduction littérale de la rédaction primitive (n° 6). D'après ce qui a été dit plus haut du mouvement d'un système invariable, il faut, pour la validité de l'axiome actuel, non seulement qu'il existe un système AB′C′D′ ..., identique avec le système ABCD ..., mais, en outre, qu'entre ces deux limites, il existe une suite continue de systèmes tous identiques et dont chacun soit infiniment voisin de ceux qui le précèdent et de ceux qui le suivent.

Mais cette propriété est une conséquence analytique de l'axiome tel qu'il est énoncé au n° 6, c'est-à-dire du principe de la continuité, combiné avec l'existence du système identique à ABCD ... pour une position quelconque déterminée du point B′. Nous ne croyons pas nécessaire d'insister sur cette particularité analytique presque évidente, puisque, lorsqu'on introduit l'idée du mouvement, comme on le fera toujours dans l'enseignement, les deux propriétés se fondent en une seule.

(¹) L'invariabilité d'un système consiste dans l'invariabilité de toutes les distances entre les points qui le composent.

Quant à l'immobilité et au mouvement, ils doivent être entendus relativement à un autre système invariable servant de terme de comparaison. Un point est dit immobile ou mobile suivant qu'il reste ou ne reste pas à des distances constantes de tous les points du système de comparaison. Un système de points est immobile quand tous ses points sont immobiles, mobile quand il renferme des points mobiles.

`31. Les n°s 27 et 29 constituent l'axiome fondamental de la distance géométrique, ou la définition de cette distance par les propriétés essentielles que nous lui attribuons instinctivement ou expérimentalement. C'est l'axiome Ier de la géométrie, et son axiome *principal,* c'est-à-dire *indispensable,* comme nous l'avons vu plus haut; les deux autres axiomes que nous rencontrerons encore ne sont plus que des axiomes secondaires ou de simplification (¹).

32. Toute la discussion des n°s 7 à 20 sur la question de savoir si l'axiome est indispensable et indémontrable peut maintenant se reporter ici.

La distance idéale et la distance analytique conservent leurs définitions, mais celle de la distance physique peut se modifier aussi par l'introduction de la notion du mouvement.

La distance physique est la fonction spéciale des six coordonnées qui possède la même valeur numérique pour un même couple de points quelconques, dans un même objet physique, considéré à deux époques différentes (qu'il se soit ou non déplacé) et dont les formes nous paraissent invariables.

Par cela même que cette invariabilité des formes, dans un même objet considéré à deux époques différentes, est pour nous une notion vague, nous ne savons pas quelle est la fonction des coordonnées qui est restée identique, ni même s'il en existe une qui jouisse rigoureusement de cette propriété; mais si elle existe, elle doit nécessairement être comprise parmi les distances analytiques dont l'expression est (1), (2) ou (3). Si l'on pouvait parvenir à démontrer directement, par un moyen quelconque, l'existence d'une distance physique jouissant de la propriété

(¹) On peut dire que l'axiome principal consiste, au fond et au point de vue analytique, à admettre que l'expression de la distance est comprise dans l'une des trois formes (n° 14) qui rendent possible l'*invariabilité des figures;* tandis que les deux autres axiomes ne serviront plus qu'à écarter les deux formes les plus compliquées, pour conserver exclusivement la plus simple dans l'exposition élémentaire de la science.

indiquée, on aurait par là même découvert une loi du monde matériel que l'on pourrait énoncer ainsi :

L'identité de formes que paraissent présenter à nos sens les corps que nous appelons *solides* dépend d'une relation analytique entre les coordonnées (mesurées d'après un certain système déterminé) des points de ces corps.

Le problème de la géométrie physique, ainsi entendue, consisterait à déterminer, en admettant l'existence de cette nouvelle distance physique, dans laquelle des trois formes elle serait comprise, etc. (voyez les nᵒˢ 18 et 19); mais, nous l'avons déjà dit et nous allons le justifier à l'instant, ce problème est insoluble par le raisonnement seul.

Il en est donc ici comme précédemment. La notion du temps et du mouvement ne change que la forme de notre axiome de la distance. Le fond reste le même et conserve exactement son caractère hypothétique ou expérimental.

33. Puisqu'il est maintenant bien entendu que la distance physique, si elle existe (ce que nous admettons à partir de ce moment), n'est que l'une des distances analytiques, se distinguant des autres uniquement par une propriété vague, expérimentale, non susceptible de donner prise au raisonnement ou au calcul, tous les principes qui seront *démontrés* dans la suite se rapportent aussi bien aux distances analytiques quelconques qu'à la distance physique (¹). Mais, dès que l'on passe à une expérience ou à une application quelconque, on est obligé de se servir de systèmes matériels solides ou invariables pour la réaliser, et dès lors les résultats de cette application ou de cette expérience ne se rapportent plus qu'aux distances physiques. Ainsi les mêmes propriétés théoriques (démontrées) appartiendront toujours aux distances analytiques et à la distance physique, et cette dernière ne peut

---

(¹) Et sont même absolument vrais, au point de vue abstrait ou analytique, pour les distances rationnelles auxquelles ils se rapportent, lors même que la distance physique n'existerait pas. Ainsi, même dans ce dernier cas, ce n'est pas dans l'exposition théorique d'un système quelconque de géométrie, mais seulement dans les applications, que des contradictions pourraient se présenter.

jouir de propriétés supplémentaires, ou être classée d'une certaine manière parmi les distances analytiques, que comme hypothèse, ou comme résultat d'expérience.

En d'autres termes encore, toute proposition qui se trouvera inexacte lorsqu'on l'appliquera à de certaines distances analytiques, pourra cependant être exacte pour la distance physique, mais ne pourra pas être démontrée et exigera un axiome expérimental séparé, ou, ce qui revient au même, une hypothèse séparée. C'est là un précieux criterium pour la découverte des vrais axiomes de la géométrie (¹).

§ 2. — *Notions de la sphère et du cercle.* — *Propriétés de la rotation d'un système invariable autour d'un point fixe.*

*34. Étant donné un système ABCD ... et deux points de l'espace, A' et B', tels que A'B' = AB, on peut transporter le système ABCD ... d'un mouvement continu et en le laissant invariable, de telle manière que A et B viennent coïncider respectivement avec A' et B'. En effet, menons entre A et A' une ligne quelconque. Si l'on suit cette ligne en partant du point A et que l'on mesure les distances des points successivement rencontrés aux points A et A', la première, partant de zéro, sera d'abord la plus petite, tandis que vers le point A' elle deviendra

---

(¹) L'espace à deux dimensions, c'est-à-dire une surface quelconque, nous offre un exemple de la non-existence de l'invariabilité des figures. Une figure qui y serait construite ne pourrait pas être répétée identiquement dans une autre région de la même surface, ni à une autre époque si la surface se déformait. Sauf dans des cas très particuliers, il n'y aurait là de possible qu'une géométrie locale et instantanée. Si donc on veut qu'une géométrie plus générale existe dans l'espace, il faut attribuer à celui-ci la propriété de congruence, ou d'invariabilité des figures, dans l'espace et dans le temps.

En général, si une proposition géométrique est relative aux trois dimensions (ou à l'espace) et si son analogue, dans les deux dimensions (ou dans une surface quelconque) ne se vérifie pas, la propriété énoncée peut bien être vraie, mais il est improbable qu'elle puisse être démontrée, à cause de la facilité qu'il y aurait à transformer la démonstration, en l'appliquant aux deux dimensions. Toutefois cette méthode ne donne pas la même certitude que celle qui est basée sur les distances analytiques ou rationnelles.

nécessairement la plus grande, puisque l'autre tendra vers zéro. Donc entre A et A' on rencontrera, en vertu de la continuité, au moins un point O tel que OA = OA'. Considérons le point O comme faisant partie du système invariable donné ; nous pourrons faire tourner ce dernier autour de O, en vertu de l'axiome I (n° 29), jusqu'à ce que le point A coïncide avec A'. A partir de ce moment, nous pourrons faire tourner le système autour de A', en vertu du même axiome, jusqu'à ce que B se trouve en B'. La proposition est ainsi démontrée.

*35. La notion de l'invariabilité des systèmes donne le moyen de constater pratiquement l'égalité ou l'inégalité de deux intervalles. Le système invariable dont on se sert à cet effet, s'appelle *compas*.

*36. Nous avons défini les mots *surface, ligne, point,* en partant de l'idée de surface pour arriver jusqu'au point. On peut suivre l'ordre inverse, en introduisant explicitement la notion de mouvement. On dira alors, en partant de l'idée de point, comme idée primitive, qu'une ligne est l'ensemble des positions successivement occupées dans l'espace par un point qui se meut. De même, on peut considérer une surface comme l'ensemble des positions occupées successivement par une ligne qui se déplace et qui, en même temps, peut changer de forme.

*37. *Ligne à croissance continue.* — Entre deux points quelconques A et B, il existe au moins une ligne le long de laquelle la distance des points à l'une des extrémités, A par exemple, de cette ligne, va toujours en croissant depuis zéro jusqu'à AB. En effet supposons qu'un point mobile (¹) parte de la position A et chemine jusqu'en B sur une ligne quelconque AB et que l'on mesure à chaque instant l'intervalle qui le sépare du point A. Cet intervalle, ayant pour valeur initiale zéro, doit augmenter d'abord.

(¹) Nous répétons, pour la dernière fois, que l'idée de mouvement peut toujours être éliminée de nos explications, lesquelles pourraient perdre ainsi en clarté et en élégance, tout en conservant la même rigueur.

S'il diminue ensuite, c'est qu'il aura eu un maximum. Soit AM ce maximum. Si AM était plus grand que AB, on aurait dû rencontrer, entre A et M, en vertu de la continuité, un point B′ tel que AB′ = AB. Mais alors on pourrait faire tourner AB′, considéré comme système invariable, autour du point A et amener B′ sur B (axiome I); donc AB′ serait une ligne à croissance continue entre A et B. Supposons maintenant AM < AB; puisque, au delà de M, la distance diminue, on rencontrera de nouveau entre M et B, la valeur AM. Supposons que ce soit en M′. On pourra, comme tout à l'heure, amener M sur M′ et supprimer la portion de ligne MM′. Il en sera de même tant que l'on rencontrera un maximum quelconque, et comme le mobile doit finalement arriver au point B, il aura parcouru, grâce à la suppression de toutes les parties analogues à MM′ ([1]) une ligne sur laquelle les distances au point A auront crû d'une manière continue.

38. Nous devons, dès ce moment, introduire le second axiome, ou le premier axiome de simplification, celui qui sépare la géométrie doublement abstraite des systèmes conservés, car les raisonnements ne pourraient rester absolument communs qu'au prix de grandes complications. Les numéros se rapportant à la géométrie doublement abstraite sont marqués de la lettre D; les autres se rapportent aux deux systèmes de géométrie (usuelle et simplement abstraite) qui sont encore conservés dans l'exposition générale et pour lesquels les raisonnements resteront communs jusqu'au troisième et dernier axiome.

*39. DEUXIÈME AXIOME OU PREMIER AXIOME SECONDAIRE (DE SIMPLIFICATION). — *Augmentation indéfinie de la distance de deux points.* — La distance de deux points de l'espace n'a pas de limite supérieure et peut augmenter indéfiniment.

40. L'axiome en question, nous venons de le rappeler, n'est que secondaire ou de simplification; il n'est pas indispensable, car

---

([1]) C'est-à-dire comprises entre une distance maximum et le point où cette distance se reproduit pour la dernière fois.

on peut établir sans son secours une géométrie complète, plus compliquée en théorie que la géométrie ordinaire, mais qui coïncide cependant avec elle dans les applications pratiques : c'est la géométrie de Riemann ou *géométrie doublement abstraite*. Nous l'appelons ainsi parce qu'on se prive, dans son exposition, de deux axiomes de la géométrie ordinaire ou usuelle, tandis que dans la *géométrie abstraite* (ou simplement abstraite), que nous rencontrerons plus loin, on invoque en outre l'axiome actuel et on ne se prive que du troisième (celui des parallèles).

41. La seule condition à laquelle l'axiome doit satisfaire est donc celle d'être indémontrable. Nous avons dit (nº 33) que tout ce qui peut se démontrer pour la distance physique peut se démontrer aussi pour l'une quelconque des distances analytiques. Celles-ci devraient donc toutes pouvoir augmenter indéfiniment. Or il n'en est pas ainsi de l'expression (3) du nº 14, dont le second membre a pour limite supérieure D, bien que cette expression satisfasse, comme les autres, à toutes les conditions de l'axiome I.

42. La bifurcation qui s'opère ici dans l'étude de la géométrie peut être rendue sensible par la figure symbolique suivante.

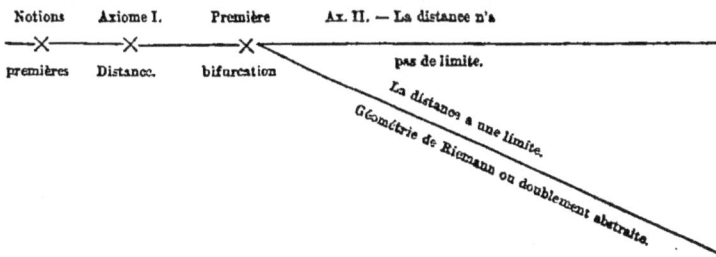

*43. *Sphère.* — Tous les points de l'espace, distants d'un point donné O (appelé *centre*) d'une même quantité R (appelée *rayon*), forment une surface continue, connexe et sans recoupement, c'est-à-dire que cette surface est d'une seule pièce, qu'elle ne peut être nulle part arrêtée ou limitée par une ligne, et que toute région continue de surface, prise autour d'un point sur la surface complète, constitue, en ce point, cette surface tout entière ; ou en d'autres termes, que l'on ne saurait, à partir de ce point, cheminer sur la surface complète, en dehors de la région dont il s'agit.

D'abord le lieu en question, quel qu'il soit, est nécessairement connexe, ou d'une seule pièce, sans quoi on ne saurait amener un point d'une pièce sur l'autre, en le faisant tourner avec un système invariable dont il ferait partie, autour du centre supposé fixe. Or ceci est contraire à l'axiome I.

Ensuite le lieu en question est bien une surface ou un ensemble connexe de surfaces et de lignes, mais ne peut comprendre aucun corps (ou volume) ni se composer exclusivement d'un réseau de lignes.

En effet, dans le premier cas, prenant un point dans l'intérieur du corps, on ne saurait mener, du centre vers ce point, une ligne à croissance continue à partir du centre, ce qui est contraire au n° 37. Dans le second cas, c'est-à-dire si le lieu se composait exclusivement d'un réseau de lignes, on pourrait prendre dans l'espace un point A distant du centre d'une quantité plus grande que R (axiome II), puis joindre A au centre O par une ligne quelconque ne rencontrant pas le réseau. Or sur cette ligne doit cependant exister, en vertu de la continuité, un point situé à la distance R du centre.

Si la surface s'arrêtait à une certaine ligne telle que ABC, on pourrait considérer une petite région de surface autour d'un point quelconque M, n'appartenant pas à la ligne ABC, puis, par l'axiome I, la faire tourner, comme système invariable, autour du centre, de manière à amener M sur un point A de la prétendue ligne-limite. Il est clair qu'ainsi une partie de la région M déborderait cette ligne et cependant tous ses points resteraient à égale distance du centre, ce qui serait contraire à l'hypothèse. Le même raisonnement prouve qu'en chaque point d'une sphère, il existe une portion continue de surface sphérique comprenant ce point dans son intérieur.

Enfin la surface est sans recoupement, car si à partir du point A on pouvait cheminer sur elle, d'une part dans la région continue A, d'autre part suivant une ligne AM, on pourrait, en amenant successivement le point A sur tous les points de la région, faire décrire à la ligne AM un volume continu, lequel appartiendrait à la sphère, ce qui a été reconnu impossible.

44⁰. Dans la géométrie doublement abstraite, la seule partie de ces raisonnements qui se trouve infirmée, est celle qui servait à prouver que la sphère ne peut pas se réduire à un réseau de lignes. Il n'y a toutefois exception que pour la sphère dont le rayon serait égal à D, distance maximum de deux points de l'espace, parce qu'alors on ne pourrait plus augmenter ce rayon, comme nous l'avons fait dans la démonstration.

Dans ce cas, la sphère ne saurait comprendre aucune portion de surface. En effet, d'un point A de cette portion, menons vers le centre une ligne à croissance continue à partir de ce centre : cette ligne aboutira d'un côté de la surface. De l'autre côté, prenons un point B aussi voisin que l'on voudra de A, mais en dehors de la surface. La ligne à croissance continue partant de B vers le centre se rapprochera autant que l'on voudra de la ligne partant de A, donc elle devra couper toute zone déterminée de la surface, tracée autour du point A; et, puisqu'elle est à croissance continue, le point B serait distant du centre d'une quantité supérieure à D, ce qui est impossible par hypothèse.

Ainsi la sphère se réduit alors à un réseau connexe de lignes.

Nous disons, de plus, qu'il ne peut y avoir, sur ce réseau, aucune bifurcation, car si, au point A du réseau, on pouvait cheminer sur le réseau dans les trois sens AB, AC, AD, on pourrait considérer la ligne AD comme formant système invariable avec le centre, et faire mouvoir ce système autour du centre, de manière que le point A décrivît la ligne AB. Si alors cette ligne AB ne glissait pas sur elle-même, elle engendrerait une portion de surface; si au contraire elle glissait sur elle-même, CD engendrerait une portion de surface et, dans les deux cas, cette portion de surface appartiendrait à la sphère, ce qui a été reconnu impossible.

Donc enfin la sphère de rayon D comprend au plus une ligne unique, qui jouit de la propriété de glisser sur elle-même et est par conséquent indéfinie (ou fermée), si elle ne se réduit pas à un point unique (¹).

Les points de cette ligne sont dits *opposés* au point qui a servi de centre.

*45. Les indications qui précèdent ne nous font pas connaître d'une manière complète les propriétés de la surface sphérique : elles ne suffisent pas, par exemple, pour affirmer que cette surface est fermée, mais nous n'aurons pas à invoquer cette dernière propriété, qui d'ailleurs n'est pas encore définie en ce moment.

*46. *Région de croissance continue.* — Nous avons dit (axiome I, n° 27) que sur toute ligne AB il existe, à partir du point quelconque A et dans les deux sens, une région finie sur laquelle la distance au point A augmente toujours et que nous avons appelée *région de croissance continue.* De là résulte qu'il existe aussi, sur une surface quelconque, à partir du point quelconque A, une région de croissance analogue, mais qu'il faut définir nettement.

Par le point A, menons sur la surface une infinité de lignes, indéfiniment rapprochées, constituant, par exemple, les génératrices de cette surface, car on peut imaginer (conformément à l'idée même de la génération des surfaces) qu'une de ces lignes l'ait engendrée en changeant à la fois de position et de forme. Sur chacune de ces lignes, il y a une région de croissance allant par exemple, pour l'une d'elles, de la distance zéro à la distance finie Δ. Soit δ le minimum des valeurs de Δ pour toutes ces lignes. δ est encore une quantité finie ou déterminée (²). Si l'on joint donc par un trait continu les *premiers* points situés, sur

---

(¹) Il sera démontré plus loin que cette ligne se réduit en effet à un point unique.
(²) Car, à cause de la continuité, on ne peut rencontrer ici l'objection qui se présente pour des fonctions quelconques : Δ ne pourrait décroître indéfiniment sans devenir nul.

toutes les génératrices, à une distance δ' (moindre que δ) du point A, ce trait sera une ligne fermée et on aura ainsi, autour du point A, une série de courbes fermées (sphériques), dont les rayons varient continûment de zéro à δ et qui sont telles, deux à deux, que celle qui enveloppe l'autre, sur la surface, a nécessairement le plus grand rayon. C'est ce que nous appellerons la *région de croissance continue* de la surface autour du point A.

Comme chaque point d'une surface sphérique peut être amené sur tout autre point de cette surface, la région de croissance est la même en tous les points d'une sphère.

*47. Le centre d'une sphère étant fixe, une partie de la surface sphérique ne peut être immobile sans que la sphère entière le soit. En effet, supposons qu'une ligne telle que AB représente la limite de la partie immobile et construisons autour du point A la région de croissance continue de la surface. Faisons-la mouvoir isolément sur la sphère (autour du centre) d'une petite quantité, de manière que le point A rentre dans la partie immobile en A', bien que la région de croissance déborde encore la ligne-limite. La courbe sphérique fermée CD tracée autour de A' dans la région de croissance, ne peut, dans le mouvement primitif du système, que glisser sur elle-même, puisque en dehors d'elle et dans son voisinage immédiat, il n'y a aucun point qui soit à la distance A'C du point immobile A'. Or, cette ligne ne peut glisser sur elle-même, puisque nous pouvons supposer qu'elle pénètre dans la région immobile. Elle est donc entièrement immobile, ainsi que toute la région de croissance. Donc, aucune ligne donnée ne peut limiter la partie immobile de la surface sphérique et cette dernière surface est entièrement immobile.

*48. Le centre d'une sphère étant fixe, une ligne tracée sur la surface sphérique ne peut être immobile sans que la surface entière le soit. En effet, construisons autour d'un point de cette ligne la région de croissance de la surface. Chacune des lignes sphériques fermées comprises dans cette région de croissance ne pourra que glisser sur elle-même, mais comme elle a deux

points fixes (les deux points où elle rencontre la ligne immobile) ([1]),
ce glissement sera nul. Donc, autour du point choisi une portion
de surface reste immobile, et par suite (47) la sphère tout entière.

*49. Dans un système invariable qui se meut, il ne saurait
exister un volume dont tous les points seraient immobiles.

En effet, on pourrait alors prendre un point O dans l'intérieur
du volume immobile et suffisamment près de sa limite pour
qu'une certaine sphère, décrite du point O, ait une partie de sa
surface dans le volume immobile et une partie en dehors. On
serait alors en contradiction avec le n° 47.

*50. Dans un système invariable qui se meut, il ne saurait
exister une surface dont tous les points seraient immobiles. En
effet, décrivant d'un point de cette surface comme centre, avec des
rayons de plus en plus grands, une série de sphères, chacune de
ces sphères aurait une ligne immobile (son intersection avec la
surface donnée) ([2]), donc (48) toutes ces surfaces sphériques
seraient immobiles et par conséquent il existerait un volume
immobile, ce qui a été reconnu impossible (49).

*51. Deux sphères distinctes ne peuvent avoir en commun une
portion de surface.

Supposons, en effet, que les deux sphères dont les centres
sont O et O' puissent avoir une partie commune S'. Faisons tourner
tout le système autour du point O de manière que O' décrive la
ligne quelconque O'O'O"'.... En même temps S' prendra les
positions successives S',S',S"',.... Soit S_1 la partie commune aux
portions de surface S',S',S"', ..., qui sont toutes situées sur la
sphère O et ne représentent que les positions successives de S'.

Tous les points de O'O'O"... jouiront séparément de la propriété
d'être également distants de tous les points de S_1 et toutes ces
distances seront les mêmes.

([1]) Au moins jusqu'à la limite de la région de croissance de cette ligne elle-même.
([2]) Au moins dans les limites de la région de croissance de cette surface.

Maintenant, faisons tourner tout le système autour de O' dans tous les sens. Le lieu O'O'O"... engendrera un volume V, pendant que le lieu S_1 prendra une infinité de positions correspondantes sur la sphère O'. Soit S_2 la partie commune à toutes ces positions de S_1. Tous les points du volume V seront, chacun, à égale distance de tous les points de S_2 et toutes ces distances seront égales. Dès lors on ne saurait mener, d'un point de S_2 vers un point intérieur au volume V, une ligne à croissance continue.

Ainsi deux sphères distinctes ne peuvent se couper que suivant une ou plusieurs lignes, accompagnées, si l'on veut, de points isolés.

52ᴰ. Dans la géométrie doublement abstraite, la démonstration de ce dernier numéro échouerait si O et O' étaient deux points opposés; il faut donc, dans ce système de géométrie, poser cette restriction, mais on verra plus loin qu'alors les deux sphères données ne seraient pas distinctes.

§ 3. — *Théorème de la rotation d'un système invariable autour de deux points fixes* (¹).

53. Région secondaire. Autour du point quelconque A d'une surface sphérique, et dans l'intérieur de la région de croissance, il existe toujours une autre région, que nous appellerons *secondaire,* limitée par l'une des courbes sphériques dont nous avons parlé, de rayon ∂, et telle qu'en dehors de cette région, aucun point de la surface ne puisse se rapprocher du point A à une distance moindre que ∂. Ceci n'est pas exact pour une surface absolument quelconque. Nous allons le démontrer pour la sphère (²).

(¹) Ainsi qu'il a été dit dans la préface et que cela sera répété à la fin de ce paragraphe, nous nous séparons, en prétendant démontrer ce théorème, de géomètres de premier ordre (parmi lesquels il suffit de citer M. Helmholtz), avec qui nous sommes d'accord, pour le fond, sur presque toutes les questions, excepté celle-ci et une autre connexe, qui sera signalée plus loin. C'est pourquoi nous appelons sur les déductions de ce paragraphe l'attention toute spéciale du lecteur.

(²) En réalité, pour la sphère, la région de croissance et la région secondaire comprennent toutes deux la surface entière, mais cette propriété ne peut être établie au point où nous en sommes.

En effet, s'il était impossible de choisir une région secondaire *ð* assez petite pour satisfaire aux conditions de l'énoncé, c'est que la surface, *en dehors de la région déterminée de croissance*, reviendrait vers le point A et s'en rapprocherait indéfiniment sans y repasser ([1]).

Or ceci ne saurait arriver, car les lignes à croissance continue (à partir du centre), menées de tous les points de la région de croissance continue au centre, forment, d'un côté de cette région, un volume continu, dans lequel il ne peut y avoir aucun point à la distance R du centre; et si le rapprochement indéfini avait lieu de l'autre côté, les lignes à croissance continue partant de points suffisamment voisins de A devraient couper la région déterminée de croissance tracée autour du point A, ce qui est également impossible.

54. Mouvement d'un système invariable autour d'un point fixe. —Considérons un système invariable tournant actuellement autour d'un point fixe O. Chacune des surfaces sphériques ayant ce point pour centre ne pourra se mouvoir qu'en restant sur elle-même.

Examinons ce qui se passe sur l'une de ces surfaces à l'instant considéré. Un point mobile quelconque A, se mouvant sur la sphère, est remplacé, dans la position qu'il occupait, par un point B ([2]), le point B par un point C, etc.; donc la ligne ABC... glisse sur elle-même ([3]). Observons d'abord que, le mouvement ayant pu commencer de cette manière, il peut nécessairement continuer, c'est-à-dire que l'on peut, à chaque instant, assujettir le point qui a remplacé A à se mouvoir comme A se mouvait au début, et de même pour les autres.

La ligne ABC... glissera donc sur elle-même, non seulement à

([1]) Nous disons : *sans y repasser*, puisque la sphère n'admet pas de recoupement.

([2]) Il faut bien comprendre que A, B, ..., sont des points appartenant directement au système invariable donné, ou qu'on ajoute à ce système, en les liant invariablement aux autres points. On peut ainsi concevoir que le système invariable considéré contienne tous les points de l'espace. Cette observation ne sera plus répétée.

([3]) Voyez, au sujet d'une autre application de cette idée fondamentale, les *Bulletins* de l'Académie Royale de Belgique, t. XXXV (2e série), p. 24.

l'instant considéré, mais dans la suite du temps; en d'autres termes, on pourra faire avancer chacun de ses points d'un arc fini.

Le mouvement direct étant possible, le mouvement rétrograde l'est aussi; car chaque point, séparément, peut décrire sa trajectoire en sens inverse, et comme les positions simultanées des points peuvent être prises les mêmes que dans le mouvement direct, toutes les distances des couples de points resteront constantes et le système restera invariable.

*55. Puisque la ligne ABC... glisse sur elle-même, elle ne peut avoir de point d'arrêt. Elle doit donc être fermée ou indéfinie. Nous allons montrer qu'une ligne indéfinie qui peut glisser sur elle-même ne saurait être renfermée dans aucun espace de dimensions finies. Dès lors la ligne ABC... devra être fermée.

A cet effet, observons d'abord qu'à droite et à gauche du point A, sur la courbe, doit exister, non seulement la région de croissance DE, mais en outre une région secondaire D′E′, telle qu'en dehors de cette région la courbe ne se rapproche plus jamais de A à une distance moindre que $AD' = AE'$.

Car on a déjà montré (53) que la surface elle-même ne se rapproche pas indéfiniment de A en dehors de sa région de croissance; si donc il était impossible de fixer la région D′E′, c'est que la courbe rentrerait dans la région de croissance de la surface et, là, s'approcherait indéfiniment du point A sans l'atteindre ([1]).

Or, supposons que la courbe se soit rapprochée de A et soit arrivée à α, par exemple. Pendant que la courbe glisse sur elle-même, deux quelconques de ses points restent à égale distance l'un de l'autre; donc quand A, très voisin de α, marchera vers B, α devra marcher vers un point β très voisin de B et ce mouvement ne pourra avoir lieu que d'un côté de la courbe AB, sur la surface continue, connexe et sans recoupement de la sphère,

---

([1]) Nous disons: *sans l'atteindre,* car si elle l'atteint, la courbe est fermée.

la courbe ne pouvant jamais se traverser (¹). Si on continue à la
faire glisser, ou, ce qui revient au même, à la prolonger
dans le même sens, elle devra rester du même côté par rapport
aux spires précédentes, donc elle n'arrivera plus dans la région
la plus voisine du point A, donc le rapprochement des points, par
rapport au point A, ne saurait être indéfini, et la région secondaire D'E' existe.

Soit, maintenant, un espace limité quelconque, dans lequel
notre courbe indéfinie serait prétendûment contenue. Divisons
cet espace en compartiments de plus en plus petits (²) par des
surfaces quelconques.

Puisque la dimension δ ($= AD' = AE'$) de notre région
secondaire est une quantité finie et déterminée, nous parviendrons,
au bout d'un nombre *limité* de divisions, à faire en sorte que
tous nos compartiments aient leur dimension maximum moindre
que δ.

Observons maintenant que δ est une constante, tout le long de
la courbe, à cause de la propriété que celle-ci possède de glisser
sur elle-même. Divisons la courbe en tronçons successifs égaux
à D'E' et appelons, pour simplifier, milieux des tronçons, les
points analogues à A. Cheminons sur la courbe, de milieu en
milieu. Chacun des milieux F que nous rencontrerons se trouvera
dans un compartiment (³) et la portion de ligne comprise dans ce
compartiment-là appartiendra tout entière au tronçon F. Car les
points en dehors de ce tronçon sont éloignés de F d'une quantité
supérieure à δ, tandis que la distance de F à tous les points du

---

(¹) Elle ne peut pas se traverser, parce que, sans cela, deux points A et B appartenant à des branches différentes, ne sauraient rester à égale distance l'un de l'autre,
pendant le glissement de la courbe sur elle-même. D'ailleurs, si elle se traversait
en O, il y aurait en O quatre directions différentes sur la courbe, et l'on pourrait
appliquer le raisonnement du nᵒ 59.

(²) C'est-à-dire que l'intervalle maximum entre deux quelconques de leurs points
devient de plus en plus petit.

(³) Le raisonnement que l'on va faire serait vrai à *fortiori* si, par un hasard que
que l'on peut d'ailleurs toujours éviter, le point en question tombait sur l'une des
cloisons des compartiments.

compartiment est moindre que δ. Donc en passant d'un milieu à
l'autre, ou d'un tronçon à l'autre, nous changerons de compartiment et nous ne rentrerons plus jamais dans l'un des compartiments déjà traversés. Or, si la courbe ne se ferme pas, ceci est
absurde, puisque le nombre des tronçons est infini, tandis que
celui des compartiments est limité. Donc enfin la ligne ABC...
est fermée. Nous lui donnerons souvent le nom de *cercle*.

*56. D'un côté de la courbe ABC,..., sur la sphère, prenons
un point A'. Ce point appartiendra, comme le point A, à un
cercle A'B'C'... qui glisse sur lui-même et qui ne saurait couper
le précédent, puisque le point A', dans son mouvement, doit
toujours conserver la même position relative par rapport à la
courbe ABC... qui reste sur elle-même.

Prenons maintenant un point A' dans l'intérieur de A'B'C'...,
c'est-à-dire du côté opposé à ABC..., par rapport à A'B'C'...,
puis continuons ainsi indéfiniment.

Les dimensions maxima des lignes ABC..., A'B'C' ..., auront
ou n'auront pas de minimum. Si elles n'en ont pas, c'est qu'à la
limite ces lignes se réduisent à un point (c'est même ainsi que
nous nous sommes représenté le point au début, n° 2); et dès
lors ce point, étant sa propre trajectoire, reste immobile.

Ainsi donc, pour démontrer qu'il y a sur la sphère un point
immobile, il nous reste simplement à prouver que les lignes
A'B'C'... ne peuvent conserver une grandeur finie.

Dans l'intérieur de A'B'C'..., c'est-à-dire du côté opposé aux
courbes précédentes (¹), faisons pénétrer, par glissement sur la
sphère, la région secondaire σ (en lui faisant traverser le contour
de la surface A'B'C'...). Nous pouvons admettre que cette région
de surface soit entièrement comprise dans la surface A'B'C'...,
et même que l'opération puisse se répéter indéfiniment, pour toutes
les autres courbes que l'on obtiendra successivement. Car s'il

---

(¹) Car nous n'admettons pas, jusqu'ici, que l'intérieur A'B'C' ... constitue une
surface pleine ou fermée. Elle ne peut pas avoir de limite (43), mais elle pourrait
se prolonger indéfiniment.

n'en était pas ainsi, on remplacerait la région secondaire σ par une autre plus petite σ', laquelle (n° 53) jouirait à plus forte raison des mêmes propriétés que la première; et si, quelque petite que l'on choisît σ', on ne parvenait jamais à introduire cette région dans toutes les surfaces successives A'B'C'..., c'est que ces surfaces elles-mêmes diminueraient indéfiniment et se réduiraient, soit à une ligne pliée double, soit à un point. Mais la première hypothèse est impossible, puisque la ligne-limite doit pouvoir glisser sur elle-même. Ainsi la surface et la ligne-limite se réduiraient à un point et l'on rentrerait dans le cas précédent.

Supposons donc que l'on puisse toujours, dans les surfaces limitées ou illimitées comprises dans les courbes A'B'C'..., introduire la région secondaire σ et introduisons-la de manière qu'elle touche en un ou plusieurs points la ligne A'B'C'... sans la couper.

Prenons maintenant, dans l'intérieur de A'B'C'..., un point A', tel que sa distance minimum à la ligne A'B'C'... soit supérieure à la dimension maximum λ de la région σ. Ceci est, encore une fois, une opération possible, car si les surfaces A'B'C'..., se réduisaient tellement qu'on ne pût plus y prendre un point distant de leur limite d'une quantité supérieure à λ (qui lui-même a pu être choisi d'avance aussi petit que l'on veut), c'est que, encore une fois, les surfaces A'B'C'... auraient pour limite un point.

Imaginons maintenant que la région σ et le point A″ participent au mouvement qui fait décrire à A' la courbe A'B'C'.... Le point A' décrira une courbe fermée A'B'C'..., laquelle ne rencontrera pas la région σ, d'après la manière dont le point A' a été choisi. La région sera donc enfermée dans l'anneau A'B'C'... A'B'C″..., et comme, par hypothèse, la construction continue indéfiniment sans que les courbes s'annulent, on pourra placer sur la sphère un nombre infini de régions σ, séparées les unes des autres.

Maintenant, raisonnons comme au n° 55. Notre sphère est nécessairement comprise dans un espace limité. Divisons cet espace en compartiments de dimension maximum moindre que λ. Chacun des centres de région se trouvera dans un compartiment et ce compartiment ne renfermera aucun point d'une autre région. Mais le nombre des compartiments est limité, tandis que le nombre des régions est infini, si la courbe A′B′C′... ne finit pas par se réduire à un point ([1]). Donc enfin il en est ainsi dans tous les cas et, en résumé, il y a nécessairement, dans le mouvement d'un système invariable autour d'un point fixe, un autre point fixe sur toute sphère décrite autour du premier. Du moment qu'il y a un point fixe, il y en a nécessairement deux sur chaque sphère, parce que le raisonnement s'applique aux deux côtés de la courbe ABC..., mais nous ne nous servirons pas de cette propriété.

*57. Ainsi, *étant donnés deux points fixes, on peut donner à tout système invariable qui les contient un certain mouvement autour de ces deux points,* puisqu'on peut amener ce système sur celui dont nous venons de parler et qu'à toute position possible de l'un répondra une position possible de l'autre.

Rappelons-nous d'ailleurs que le mouvement n'est ici qu'une manière de parler et qu'il ne s'agit, au fond, que de constater la possibilité d'une série de systèmes identiques ayant deux points homologues communs.

Le mouvement du système, autour des deux points donnés, est tel qu'un nombre infini de points restent en même temps immobiles, puisqu'il y en a deux au moins sur chacune des sphères décrites de l'un des deux points fixes comme centre.

Comme on peut faire jouer au second point fixe le rôle du premier, on peut dire qu'il y a deux points immobiles sur chacune des sphères décrites de l'un quelconque des deux points fixes comme centre; mais il faut se garder d'ajouter que l'on puisse *en même temps* faire jouer au premier point fixe le rôle du second, car ce serait admettre qu'un couple de points peut coïncider avec lui-même par retournement, ce qui n'a jamais été

([1]) Ceci montre, en même temps, que la sphère est une surface fermée, dans le sens de la définition du n° 10.

employé jusqu'ici et sera démontré plus loin. Quand le second point prend le rôle du premier, le premier devient l'un des points immobiles, en nombre infini, qui doivent exister dans le système.

Rien ne prouve, jusqu'ici, qu'autour des deux mêmes points fixes, on ne puisse donner au système un *autre* mouvement, dans lequel un *autre* système de points resterait immobile. C'est ce que nous examinerons dans le paragraphe suivant.

58. D'après une opinion généralement reçue, le théorème qui fait l'objet du paragraphe actuel, devrait être admis comme axiome. Nous nous séparons en ce point de nos illustres devanciers et nous croyons fermement que l'idée fondamentale déjà signalée (54) fait passer cet axiome au rang des théorèmes. N'y avait-il pas, d'ailleurs, une certaine anomalie dans ce fait : qu'au début de la science, il faudrait admettre la possibilité d'un second point immobile, tandis que dans la suite ce second point immobile se présente forcément, sans qu'on le veuille?

Nous croyons d'ailleurs notre démonstration rigoureuse. Le seul point qui nous paraisse pouvoir donner prise à la critique, est l'admission de ce fait (55) qu'en divisant un espace limité en compartiments de plus en plus petits, par des surfaces quelconques convenablement choisies, on doive nécessairement parvenir, au bout d'un nombre *limité* de divisions, à rendre les dimensions maxima des compartiments moindres qu'une distance δ assignée d'avance.

Dira-t-on que c'est là un principe expérimental nouveau, équivalent à l'un de ceux que M. Helmholtz admet en plus? Lors même qu'il en serait ainsi, la réduction de l'axiome de la rotation possible autour de deux points, à celui de la division d'un espace fini en compartiments de dimension maximum assignée, nous paraîtrait encore remarquable.

On pourrait dire que nous n'avons pas montré le même scrupule au n° 10, lorsque nous avons employé le principe, aussi quelque peu expérimental, d'une série de surfaces *fermées* enveloppant un point, puis s'enveloppant les unes les autres; mais là il ne s'agissait pas de notre exposition didactique de la géométrie ; il s'agissait uniquement d'une des observations complémentaires, destinées à faire présumer que cette exposition est la meilleure possible et que le nombre de ses axiomes ne peut plus être réduit.

Ainsi, en résumé, l'axiome I de M. Helmholtz semble pouvoir être ramené aux notions premières (sauf les réserves faites ci-dessus), et d'ailleurs il n'est pas employé dans l'exposition didactique proprement dite ; ses axiomes II et III constituent, au fond, notre axiome unique, mais complexe, de la distance ([1]) ; son axiome IV, dans sa première partie (possibilité de la rotation autour de deux points) semble pouvoir être ramené aux notions premières (sauf les réserves faites ci-dessus) et sa seconde partie (retour du système à sa position initiale après un tour complet) sera démontrée plus loin, sans que, cette fois, nous apercevions aucune réserve à faire.

§ 4. — *Propriétés du mouvement d'un système autour de deux points fixes.*

*59. L'intersection de deux sphères ne saurait comprendre deux lignes qui se rencontrent ; en d'autres termes on ne saurait, à partir d'un point quelconque de cette intersection, cheminer sur elle que dans deux sens différents. En effet, supposons que, sur l'intersection de deux sphères on puisse, à partir du point O, cheminer dans trois sens différents OA, OB, OC. Faisons tourner le système des sphères autour des deux centres. Les lignes OA, OB, OC ne peuvent rester immobiles (48), et comme il n'existe nulle part une portion de surface commune aux deux sphères (51), les parties comprises entre le point O et la première bifurcation suivante ne peuvent que glisser sur elles-mêmes, ce qui est impossible du moment qu'il y a plus de deux bras se rencontrant en O.

*60. Dans le mouvement d'un système invariable autour de deux

---

points fixes, les trajectoires, ou les lignes que peuvent décrire tous les points du système, sont entièrement déterminées. En effet, la trajectoire d'un point du système n'est que l'intersection des deux sphères, contenant le point choisi dans le système, et ayant pour centres respectifs les deux points fixes; ou du moins la partie de cette intersection qui contient le point donné. On a vu (59) qu'elle n'a aucune bifurcation. Le point considéré la décrit réellement, puisque cette trajectoire, considérée comme ligne rigide, ne peut rester immobile (48) et le mouvement peut avoir lieu dans les deux sens.

61^n. Dans la géométrie doublement abstraite, il faut, pour l'exactitude du n° 60, que les deux points fixes donnés ne soient pas deux points opposés.

·62. Dans le mouvement d'une sphère autour du centre et d'un point A de la surface, tous les points de la sphère décrivent des trajectoires fermées et achèvent en même temps leur révolution complète. En effet, il existe d'abord des points qui décrivent des courbes fermées, puisque tous ceux de la région de croissance tracée autour du point A sont dans ce cas. Si tous les points de la sphère ne décrivent pas des courbes fermées, ou n'achèvent pas en même temps leur révolution, on pourra, après un tour complet, c'est-à-dire au moment où un certain point sera revenu sur lui-même, diviser la sphère en deux régions, continues ou discontinues : celle des points qui sont revenus à leur place et celle des points qui n'y sont pas revenus. Alors on pourra prendre parmi les points de la première région, soit un point B isolé, soit un point B situé assez près de la limite qui sépare les régions des points revenus et des points non revenus, pour que la région de croissance tracée autour de ce point revenu B contienne des points non revenus tels que C. Après la révolution, C devra être revenu sur le même cercle de la région de croissance tracée autour de B, puisque B est revenu à sa place; et C devra aussi occuper la même position relativement au point d'intersection B' dudit cercle C avec la trajectoire décrite par B, lequel point B' est également revenu à sa place ; donc il en sera de même du point C, contrairement à l'hypothèse. Ainsi le lieu des points qui sont revenus sur eux-mêmes après une révolution complète, c'est-à-dire au moment où cela arrive pour l'un d'entre eux, ne saurait avoir de limite, et comprend la sphère tout entière.

63". Dans la géométrie doublement abstraite, même restriction qu'au n° 61. Il faut que le point A ne soit pas opposé au centre.

'64. Dans le mouvement d'un système invariable autour de deux points fixes, tous les points du système décrivent des trajectoires fermées et achèvent en même temps leur révolution complète (¹).

Soient A et B les deux points fixes. Du point A, comme centre, décrivons une sphère comprenant le point B ; du point B, comme centre, décrivons une petite sphère coupant la précédente suivant l'une des courbes fermées que les points de celle-ci décrivent autour de A et B (62). Tous les points de cette nouvelle sphère décrivent encore des courbes fermées et achèvent leur révolution complète en même temps que ceux de la première, parce qu'on peut leur appliquer le même raisonnement qu'au n° 62. Mais toutes les sphères décrites de la manière indiquée autour du point B, se suivant d'une manière continue, constituent un volume ; donc il existe un volume dont tous les points jouissent de la propriété d'avoir terminé au même moment leur révolution.

Supposons qu'à ce même moment un point C du système puisse n'avoir pas achevé la sienne et soit arrivé en C'. Les points C et C' devraient se trouver équidistants d'un point quelconque pris dans le volume, puisque ce dernier point est revenu sur lui-même. Du point C comme centre, décrivons une portion de

---

(¹) C'est ici que nous nous séparons une seconde fois de nos illustres devanciers et notamment de M. Helmholtz, pour qui la proposition actuelle forme la seconde partie de l'axiome IV.

Contrairement à ce que nous avons fait au n° 58, nous ne saurions ici indiquer nous-même au lecteur aucune partie de la démonstration sur laquelle la critique pourrait porter.

sphère comprise dans le volume; tous les points de cette portion seront donc aussi à égale distance de C' et deux sphères décrites de C et de C' comme centres, avec un même rayon, auraient une partie commune, ce qui a été démontré impossible. Donc tous les points achèvent en même temps leur révolution complète.

65°. Dans la géométrie doublement abstraite, même restriction qu'aux n°ˢ 61 et 63.

*66. Entre deux points immobiles A et B d'un système invariable, il existe une ligne de ce système, entièrement composée de points immobiles.

Menons de A en B la ligne continue AMB. Tous ses points décriront des trajectoires fermées et achèveront en même temps leur révolution, c'est-à-dire que la ligne AMB viendra se placer sur elle-même après un tour complet sans que, jusque-là, aucun de ses points ait jamais occupé deux fois la même place. Elle aura donc décrit une surface enveloppant un volume fermé. Dans l'intérieur de ce volume, nous pourrons tracer une autre ligne entre A et B, laquelle décrira une surface enveloppant un autre volume fermé, compris dans le précédent; et nous pourrons ainsi rétrécir le volume obtenu, tant que celui-ci existera, c'est-à-dire tant qu'il ne se réduira pas à une surface ou à une ligne; mais la réduction à une surface ne renfermant plus de volume intérieur est ici impossible, puisque cette surface, ne pouvant rester immobile (50), devrait glisser sur elle-même, ce qui exclut l'idée du rebroussement; donc, selon la manière même dont nous avons acquis l'idée de ligne, notre volume, en se rétrécissant, se réduira à la limite à une ligne, laquelle, par conséquent, restera sur elle-même pendant la révolution du système, c'est-à-dire que tous ses points décriront des trajectoires nulles. Nous appellerons la ligne obtenue : ligne droite entre les points A et B. Ainsi, entre deux points quelconques de l'espace, il existe au moins une ligne droite, composée de points qui restent tous immobiles quand on fixe *deux points quelconques* de cette ligne, considérée comme appartenant à un système invariable, puisque (60) l'immobilité de deux points d'un système *détermine* les trajectoires que tous les autres points peuvent décrire.

67ᴰ. Dans la géométrie doublement abstraite, même restriction qu'aux nᵒˢ 61, 63 et 65.

§ 5. — *La ligne droite considérée indépendamment du plan.*

*68. Entre deux points, il n'y a qu'une seule ligne droite, ou, plus généralement, deux lignes droites qui ont deux points communs coïncident.

Supposons, en effet, que deux droites distinctes puissent avoir deux points communs A et B. En fixant ces deux points, on immobiliserait les deux droites, considérées comme appartenant à un système invariable; ou encore (66), il suffirait pour cela de fixer deux points quelconques C et D de l'une des deux droites, ou même (60) un point de l'une et un point de l'autre.

Ainsi, le lieu géométrique des points qui sont rendus immobiles par la fixation de deux points C et D présenterait au moins une bifurcation (¹), c'est-à-dire un point E à partir duquel on pourrait cheminer sur le lieu en question au moins dans trois sens différents EF, EG, EH.

Considérons une partie limitée de la ligne FEG dans le voisinage du point E, et prenons sur HE un point H' assez voisin de E pour que la plus courte distance de H' à un point quelconque de FEG n'aboutisse pas à l'une des extrémités F ou G.

Soit H'E' la plus courte distance en question. A droite et à gauche de E', la distance au point H' doit augmenter. En effet, elle ne peut diminuer, puisque H'E' est minimum; et si elle restait constante, par exemple du côté G, la portion de E'G le long de laquelle ce fait se présenterait appartiendrait à la sphère décrite

---

(¹) Car si. tout d'abord, A et B étaient les extrémités des deux droites données, on les transporterait, toutes deux, sur une troisième droite A'B', l'intervalle A'B' étant choisi plus grand que AB.

de H' comme centre avec H'E' comme rayon. Dès lors elle ne saurait rester immobile (48).

Prenons maintenant, dans une certaine étendue à droite et à gauche du point E', des points E' et E''' tels que H'E' = H'E'''. Décrivons la sphère qui a pour centre H' et qui contient les points E' et E'''. Si, sur cette sphère, le point E''' tombe dans la région de croissance tracée autour de E', toute la courbe fermée passant par E''' est rendue immobile par la fixité de H' et de E', ce qui est impossible (48). Si E''' ne tombe pas dans la région de croissance de E', diminuons progressivement le rayon de la sphère depuis H'E' jusqu'à H'E'. Comme, dans cette opération, la distance E''E''' diminue indéfiniment, tandis qu'il n'en est pas de même de la région de croissance, laquelle converge simplement vers_la région de croissance de la sphère H'E', le point E''' devra finir par tomber dans la région de croissance de E' et le raisonnement précédent sera applicable. Donc, dans tous les cas, la bifurcation est impossible et deux droites qui ont deux points communs coïncident.

69°. Dans la géométrie doublement abstraite, même restriction qu'aux n°ˢ 61, 63, 65 et 67.

70. Du n° 68 résultent plusieurs conséquences importantes.

a Toutes les droites sont identiques, puisqu'on peut les amener en coïncidence.

b. Toute droite limitée à deux points A et B peut être considérée comme une portion d'une droite plus grande. Les parties de cette droite plus grande qui dépassent la première s'appellent les *prolongements* de celle-ci, de sorte que toute droite peut être prolongée indéfiniment dans les deux sens, et ne pourra jamais se fermer, sinon elle ne serait pas identique avec une seconde droite, menée entre deux points tels que leur distance fût plus grande que la dimension maximum de la ligne fermée qui constituerait la première.

c. La ligne droite est le *lieu géométrique* des points de l'espace qui sont rendus immobiles par la fixité de deux points. La démonstration est absolument la même que celle du n° 68, car s'il y avait un point isolé, on le joindrait à un point de la droite.

71". Dans la géométrie doublement abstraite, si l'on se rappelle bien la restriction déjà apportée aux raisonnements, c'est-à-dire que deux points sur lesquels on raisonne doivent toujours être supposés à une distance moindre que D, les déductions du n° 70 sont applicables, jusqu'au moment où l'on démontre que la ligne, constituant le lieu géométrique des points rendus immobiles par la fixation de deux d'entre eux, ne peut être fermée.

Nous allons démontrer, au contraire, que cette ligne est fermée et, en même temps, que la sphère de rayon D se réduit à un point, ce que nous avons annoncé au n° 44.

La distance de deux points quelconques de l'espace ayant un maximum D, la distance de deux points de la ligne droite doit avoir aussi un maximum D'.

Soient A et B deux points distants de cette quantité maximum. S'il n'existe pas, en dehors de la droite A B, d'autres points du lieu, la dimension D' doit être égale à D, sans quoi du point A comme centre, avec un rayon compris entre D' et D, on pourrait décrire une sphère sur laquelle il n'y aurait aucun point immobile. S'il existe, en dehors de A B, d'autres points du lieu, la dimension D' doit aussi être égale à D, sans quoi le raisonnement du n° 68, montrant l'impossibilité de points extérieurs, serait applicable. Donc, dans tous les cas, D' = D.

Le point B appartient donc à la courbe qui forme à elle seule la sphère de centre A et de rayon D (44). Traçons cette courbe. Comme elle ne pourra pas se confondre sur toute son étendue avec B A, elle s'en séparera, soit en B, soit ailleurs, par exemple en B' pour devenir B'A'. En fixant deux points quelconques A et C de la ligne A B, on fixe toute cette ligne, donc le point B', donc aussi la ligne B'A'; car une ligne qui n'a d'autre mouvement possible qu'un glissement sur elle-même est entièrement arrêtée quand on arrête un de ses points. Donc le lieu des points immobiles aurait une bifurcation en B', ce qui a été reconnu impossible.

La conclusion est que la courbe B'A' ne peut exister et que la sphère de centre A et de rayon D se réduit au point B.

Comme les deux demi-droites, à partir du point A, doivent être identiques, les deux branches doivent passer par le point unique B, et la ligne droite est donc fermée.

Le lieu des points immobiles ne possède d'ailleurs aucun point extérieur à cette ligne, car il devrait être situé à une distance moindre que D du point A, et dès lors le raisonnement du nº 68 serait applicable.

Toutes les droites passant par le point A se croisent une seconde fois au point opposé B. Chaque point de la droite a son opposé sur cette droite.

Les restrictions des numéros précédents sont maintenant expliquées. Quand un point est immobile, son opposé est immobile aussi, puisqu'il ne peut quitter la sphère de rayon D. Ainsi, dans la géométrie doublement abstraite, toute sphère a deux centres, opposés dans l'espace, et la fixité de ces deux centres n'entrave aucun des mouvements que les points de la sphère, ou d'autres points liés à la sphère, peuvent prendre autour de l'un de ces deux centres.

Tout ce qui a été dit de la ligne droite dans les numéros précédents subsiste dans la géométrie doublement abstraite, si l'on se rappelle que deux points opposés ne comptent que pour un seul, et que la ligne droite est fermée.

*72. Réciproque du nº 68. Il sera démontré plus loin que si une ligne, faisant partie d'un système invariable, passe par deux points A et B; et si l'on peut donner à ce système invariable une autre position, de manière que les points A et B soient revenus occuper les mêmes places dans l'espace que précédemment et qu'en outre la ligne elle-même coïncide avec sa position première, cette ligne est droite. C'est par ce moyen que l'on peut s'assurer de la rectitude d'une ligne ou d'une arête faisant partie d'un système invariable, par exemple le bord d'une règle.

*73. *Mesure des droites.* — Deux portions, AB et CD, prises respectivement sur deux droites, sont dites égales ou de même longueur, quand elles sont superposables, ce qui exige simplement l'égalité des intervalles A B et C D. C'est pourquoi l'égalité de deux droites peut se vérifier au compas, comme l'égalité de deux intervalles. Pour ajouter deux portions de droite AB et CD, on porte la portion CD à la suite de AB, sur la droite dont AB fait partie ; BE étant la nouvelle position de CD, on dit que AE a une longueur égale à la somme des longueurs de AB et de CD.

L'*égalité* et l'*addition* des droites étant ainsi définies, les droites peuvent être considérées comme des grandeurs mathématiques ([1]) et mesurées numériquement.

*74. Nous devons maintenant appeler l'attention sur un point qui peut-être aura échappé au lecteur. Nulle part, dans ce qui précède, nous n'avons supposé l'identité de la distance AB avec la distance BA. En d'autres termes, nulle part nous n'avons admis qu'un couple de points puisse nécessairement coïncider avec lui-même par retournement. Nous n'eussions pas hésité à admettre ce principe, s'il avait été indispensable, mais il ne l'est pas ([2]), et au point où nous en sommes, nous pouvons aisément le démontrer par la considération de la ligne droite.

Soient un couple de points A, B, et la droite AB qui joint ces deux points. Soit C le milieu de la droite AB, c'est-à-dire un point tel que $CA = CB$.

Supposons maintenant qu'en retournant la droite AB, et la

([1]) Voir, sur ce sujet, la géométrie de MM. Rouché et de Comberousse, 3ᵉ éd., t. I, p. 61 à 64. Les explications qui sont données à cet endroit, à propos de la mesure des angles, devraient déjà l'être antérieurement, nous semble-t-il, à propos de celle des droites.

([2]) Ce n'est que vers la fin de nos études que nous nous sommes aperçu de ce fait. Tout d'abord, nous avions cru devoir ranger l'égalité A B=BA au nombre des propriétés dont l'ensemble constitue la définition de la distance, ou l'axiome I. Mais, pour prouver ensuite que cette proposition est indémontrable, ou indépendante des autres, comme nous l'avons fait pour toutes les parties de notre axiome (nᵒˢ 7 à 20), il fallait y appliquer le criterium analytique et trouver une fonction des six coordonnées, satisfaisant à toutes les autres propriétés de la distance et non à celle-ci. Or, cela nous a été impossible et par là nous avons reconnu que A B=BA n'est pas un des vrais axiomes géométriques.

faisant de nouveau coïncider avec elle-même en direction, milieu sur milieu, les points A et B, au lieu de tomber respectivement en B et en A, tombent en B' et en A'.

Nous pouvons supposer que B' et A' soient situés sur la droite AB elle-même et non sur son prolongement, car s'il en était autrement, nous considérerions A'B' comme la droite donnée, et en la retournant, nous la ferions coïncider avec AB.

On voit donc qu'en retournant la drcite donnée et la faisant coïncider avec son ancienne position, milieu sur milieu, les extrémités avancent vers le milieu de la quantité AB' = BA'.

Or, l'opération doit pouvoir se répéter sur A'B', qui n'est que la reproduction de AB; A'B' devrait donc pouvoir se retourner de deux manières, dont l'une reproduirait AB, tandis que l'autre donnerait une droite A'B', comprise dans l'intérieur de B'A' et telle que

$$AB' = B'A' = BA' = A'B'.$$

Or, maintenant, l'impossibilité se manifeste de deux manières : d'abord parce que les droites AB et A'B' sont dirigées dans le même sens et que l'on a, par conséquent,

$$AB = AA' + A'B' + B'B,$$

d'où

$$AB > A'B';$$

ensuite, parce que l'on devrait pouvoir répéter l'opération indéfiniment et avancer chaque fois, vers le milieu, d'une quantité égale à AB' ce qui, au bout d'un certain nombre d'opérations, deviendrait impossible. Donc BA a dû coïncider tout d'abord avec AB.

On pourrait être tenté d'abréger cette démonstration et de dire que A'B', qui n'est qu'une partie de AB, ne peut être égale au tout, mais ce serait se payer de mots. Le tout est plus grand que sa partie, uniquement parce qu'il est égal à la partie, plus quelque chose. Il faut donc que l'on puisse écrire ou énoncer une affirmation de ce genre. Or nous n'avons traité jusqu'ici des relations entre les droites d'une figure, que dans l'hypothèse où elles seraient toutes dirigées dans le même sens. Ainsi on a bien $AB = AB' + B'A' + A'B$, d'où $AB > B'A'$, mais ce serait admettre précisément ce qui est à démontrer que d'en conclure, comme résultat de la figure, $AB > A'B'$. Il faut donc faire la démonstration complète, et grâce à cette démonstration, nous n'aurons plus à tenir compte, à l'avenir, du sens dans lequel nous comptons les droites ou les intervalles, quant à leur grandeur absolue.

*75. L'unité qui sert à la mesure des droites ou de leurs longueurs est le *mètre,* dont le prototype (système invariable) est conservé avec les précautions les plus minutieuses, pour que son invariabilité soit réalisée autant qu'il est humainement possible.

Dans les boîtes de mathématiques, ou boîtes à compas, on trouve une réglette, appelée *double décimètre,* bien qu'elle ait d'ordinaire un peu moins de deux *décimètres,* ou d'un cinquième de mètre.

Ce double décimètre est divisé en *centimètres* (centièmes de mètre), demi-centimètres et millimètres (millièmes de mètre).

La rectitude de l'arête peut être vérifiée comme il a été dit au n° 72, et l'exactitude des divisions peut être vérifiée au compas.

Les décimètres, centimètres et millimètres sont les sous-multiples habituels du mètre. Les multiples le plus usités sont le décamètre (10^m), l'hectomètre (100^m) et le kilomètre (1000^m).

*76. Si, sur une droite, on prend trois points tels que le point C soit au delà de B par rapport à A, l'*intervalle* AC sera plus grand que l'intervalle AB; autrement dit, la droite est une ligne à croissance continue à partir du point quelconque A. En effet, si la distance au point A, après avoir crû jusqu'en α, commençait à décroître, on pourrait prendre dans le voisinage de α deux points β et β' équidistants de A, β' étant le point où une certaine distance $A\beta$ se reproduit pour la première fois dans la décroissance; alors, d'après l'axiome I, on pourrait faire tourner $A\beta'$ autour de A jusqu'à ce que le point β' coïncidât avec β; mais, dans cette position (68), la droite $A\beta'$ devrait coïncider entièrement avec $A\beta$, ce qui est absurde, puisque la première possède deux points distants de A de la quantité $A\beta = A\beta'$, tandis que la première n'en possède qu'un.

*77. *Mesure des intervalles ou des distances.* — Comme, dans tout ce qui précède la mesure des droites, nous n'avons jamais employé que la notion première de l'égalité ou de l'inégalité de deux intervalles ou de deux distances, mais aucune mesure numérique desdits intervalles, rien ne nous empêche d'adopter, comme mesure de l'intervalle ou de la distance de deux points, la longueur, maintenant connue numériquement, de la portion de droite qui joint ces deux points, puisqu'il y aura ainsi correspondance entre les intervalles et les droites qui les mesurent, non-seulement dans l'égalité, mais aussi dans le sens des inégalités (¹), c'est-à-dire dans les seules notions employées quant aux intervalles.

78ᵖ. Tout le contenu des nᵒˢ 76 et 77 reste parfaitement applicable à la géométrie doublement abstraite, pourvu que l'on ne considère jamais de portion de droite supérieure à une demi-droite complète, ou renfermant deux points opposés.

Lorsqu'une portion de droite renferme deux points opposés, elle ne représente plus l'intervalle entre ses deux extrémités. C'est la portion manquante, moindre que D, qui représente cet intervalle.

Nous supposerons, à l'avenir, qu'il s'agisse toujours de cette dernière portion de droite, sauf dans les cas où nous avertirons du contraire.

79. Le raisonnement que nous avons fait au nᵒ 77 s'applique spécialement à la distance physique, dont la représentation numérique est restée indéterminée. Si, dès l'abord, on avait adopté, comme expression de la distance, une fonction déterminée F_{i*} de coordonnées également déterminées, il faudrait, au point où nous sommes parvenus, changer cette détermination

---

(¹) Voir le numéro précédent.

numérique, à moins que, pour trois points en ligne droite, on
n'eût l'équation :

$$F_{13} = F_{12} + F_{23},$$

ce qui serait alors une condition supplémentaire à imposer à la
fonction-distance. Les trois distances analytiques indiquées au
n° 14 y satisfont.

Si cette condition supplémentaire n'existait pas, toute fonction continue de l'une quelconque des trois expressions du n° 14
répondrait à l'axiome I.

D'après cela, et au point de vue purement analytique, on devrait
ajouter cette condition à celles de l'axiome I, pour limiter strictement à trois les formes possibles; mais nous ne l'avons pas fait,
parce que cette condition n'est pas rigoureusement *indispensable;*
elle a pour seul objet de faire concorder la mesure primitivement
admise de l'intervalle entre deux points avec la longueur de la
droite qui joint ces deux points; mais on peut aussi, comme nous
l'avons fait aux n°s 77 et 79, *adopter* la longueur de la droite
comme mesure nouvelle de l'intervalle.

*80. On appelle *angle* la figure formée par deux demi-droites
OA, OB, qui se rencontrent au point O, où on les suppose toutes
deux limitées. Le point O est le sommet de l'angle. Les deux
demi-droites en sont les côtés.

La comparaison des angles peut s'effectuer par l'intermédiaire
des considérations suivantes.

*81. Par le centre d'une sphère déterminée, menons une droite
qui rencontre la surface de cette sphère aux points A et B (¹).
De A en B menons, sur la surface continue de la sphère, une
ligne quelconque sans nœud ACB et faisons tourner cette ligne
autour de la droite AB. Elle viendra, après une révolution
complète, se replacer sur elle-même, chacun de ses points ayant

---

(¹) Cette droite est un diamètre. Sa moitié (du centre à la surface) est la représentation linéaire du rayon, lequel n'était pour nous, jusqu'ici, que l'intervalle de
deux points.

décrit un cercle. Elle aura donc engendré une surface continue et fermée; et comme (43) la surface continue et connexe de la sphère est sans recoupement, cette sphère ne peut comprendre aucune autre partie que la surface décrite par la ligne ACB. Ainsi la surface sphérique est une surface fermée, et de plus, cette surface peut être recouverte par une série continue de cercles aussi rapprochés l'un de l'autre qu'on le veut, décrits par les différents points de ACB ([1]), cercles qui partent de zéro au point A, grandissent d'abord, décroissent ensuite et se réduisent à zéro au point B.

Pour comparer deux angles quelconques, il faut commencer par indiquer les côtés que l'on veut d'abord amener en coïncidence et cette indication peut se faire conventionnellement, par la manière même dont on nomme les angles. Par exemple, quand nous dirons que nous voulons comparer les angles COD et C'O'D', cela signifiera que OD et O'D' sont les deux côtés homologues à amener en coïncidence, OC et O'C' étant les deux autres côtés homologues.

Cela posé, on amènera OD et O'D' sur le rayon de la sphère précédente qui passe en A, et celui des deux angles dont le second côté traversera alors la sphère sur le cercle le plus rapproché ([2]) de A sera dit le plus petit des deux.

Si les deux côtés traversent sur le même cercle, les angles seront dits égaux.

Le mode de comparaison qui vient d'être décrit donnera toujours le même résultat, tant que l'on amènera les mêmes côtés homologues en coïncidence, car on peut supposer qu'après une première comparaison, les angles entraînent avec eux la sphère qui y a servi; lors d'une comparaison nouvelle, ces sphères

---

· ([1]) Il peut fort bien arriver que différents points de la ligne quelconque ACB décrivent un seul et même cercle de la sphère. Cela n'infirme en rien le raisonnement.

([2]) Il s'agit ici du rapprochement par rapport au point A sur la sphère, dans la série des cercles (chaque cercle n'étant, bien entendu, compté qu'une seule fois) et non du rapprochement absolu en distance Il n'est pas encore démontré que ce soit le même chose.

entraînées viendront se replacer sur la sphère primitive (¹) et chaque cercle sur son homologue (²). Le résultat de la comparaison ne pourra donc pas varier.

Deux angles égaux peuvent être amenés en coïncidence par une simple rotation autour du côté que l'on doit faire coïncider d'abord. Deux angles qui peuvent coïncider sont égaux. Deux angles égaux à un même troisième sont égaux entre eux. Un angle plus grand ou plus petit qu'un autre est plus grand ou plus petit que tous les angles égaux à cet autre.

Il résulte de ce qui précède que le choix des côtés homologues à faire coïncider d'abord, pour des angles égaux, est indifférent, de sorte que l'égalité

$$COD = C'O'D'$$

entraîne celle-ci :

$$DOC = D'O'C',$$

mais non les suivantes :

$$COD = D'O'C', \quad \text{ni} \quad DOC = C'O'D'.$$

Ces deux dernières conclusions deviendront légitimes dès que nous aurons établi que tout angle peut coïncider avec lui-même par retournement.

D'après le mode de mesure ou de comparaison que nous venons d'exposer, le plus petit de tous les angles est celui que forme une demi-droite avec elle-même; le plus grand de tous les angles est celui que forme une demi-droite avec son prolongement (³).

(¹) En géométrie, les points des lignes, des surfaces, des corps, se meuvent isolément (29), tout en faisant partie de systèmes invariables. On n'a donc point à s'occuper de l'impénétrabilité.

(²) Encore une fois, cette coïncidence des cercles homologues ne se déduit pas de ce qu'ils sont à la même distance du point A : ce serait là une pétition de principe. Mais, s'il existe sur chacune des sphères plusieurs cercles à la même distance de A, ces cercles doivent former une suite discontinue, puisque la sphère donnée et une sphère décrite du point A ne peuvent avoir en commun aucune portion de surface. Dès lors il faut bien que le premier de ces cercles, sur l'une des sphères, se mette en coïncidence avec le premier de l'autre, le second avec le second, etc.

(³) Cette notion sera modifiée plus loin.

*82. Il peut arriver qu'une droite AB vienne rencontrer une autre droite CBD de telle manière que les angles DBA et CBA soient égaux. Nous dirons alors que la droite BA (celle qui est commune aux deux angles et qui est homologue à elle-même) est perpendiculaire à l'autre droite CD et que les angles égaux DBA, CBA, sont *droits*. Si une droite est perpendiculaire à une autre, le prolongement de la première est aussi perpendiculaire à la seconde. Cela se voit par la superposition des figures.

*83. On appelle *triangle* la figure formée par les portions de droites qui joignent trois points A, B, C. Un triangle est dit *équilatéral* quand il a les trois côtés égaux, *isoscèle* quand il en a deux.

Deux triangles qui ont un angle égal compris entre côtés égaux chacun à chacun et semblablement disposés, sont égaux, c'est-à-dire superposables. En effet, superposant les angles égaux, leurs côtés se recouvriront exactement et les trois sommets, comme les droites qui les joignent, se trouveront en coïncidence.

Il est nécessaire, jusqu'ici, que les côtés soient semblablement disposés, c'est-à-dire que ceux qui sont égaux entre eux soient homologues par rapport à l'angle égal.

*84. *Propriétés du triangle isoscèle.* — Soit ABC un triangle isoscèle (AB = AC). Faisons mouvoir d'une manière continue un point K sur la droite BC, de B en C. Imaginons qu'à chaque instant on le joigne par une droite au point A et que l'on mesure les angles BAK, CAK. L'angle BAK, dont la valeur initiale est nulle, sera moindre au début que l'angle CAK; à la fin, au contraire, l'angle BAK sera plus grand que l'angle CAK dont la valeur finale est nulle. Donc, à cause de la continuité, il y aura une certaine position D du point mobile et, par suite, une position AD de la droite qui le joint au point A, telles que l'angle BAD sera égal à CAD. Alors les deux triangles BAD, CAD seront égaux, comme ayant les angles égaux que l'on vient de citer, compris entre côtés égaux et semblablement disposés; la superposition de ces deux triangles montre que BD est égale à DC, que l'angle ABD est égal à ACD, et l'angle BDA à CDA.

Donc, dans un triangle isocèle, la droite qui divise en deux parties égales l'angle du sommet (bissectrice) passe par le milieu du côté opposé ou de la base BC (médiane) et est perpendiculaire à cette base. De plus les deux angles à la base sont égaux. Réciproquement, si une droite passant par le sommet est perpendiculaire au milieu de la base, le triangle est isocèle et la droite en question est aussi la bissectrice de l'angle au sommet. L'énoncé précédent devrait, à la rigueur, subir quelques restrictions relatives au sens de l'égalité de deux angles, mais ces restrictions vont disparaître, en même temps que celles de quelques numéros précédents, par le théorème qui suit.

*85. Tout angle peut coïncider avec lui-même par retournement.

Supposons, en effet, qu'il s'agisse de l'angle BAC. Opérons sur cet angle la construction du numéro précédent, puis retournons la figure et faisons coïncider l'angle BDA de la figure primitive avec l'angle égal CDA de la figure retournée. Il est visible que les lignes DA et BC coïncideront avec leurs positions primitives, D et A se plaçant sur eux-mêmes, C sur B et B sur C. Donc l'angle BAC coïncidera avec lui-même par retournement.

*86. Si une droite AB est perpendiculaire à une autre CD, réciproquement la seconde est perpendiculaire à la première. On le voit, en faisant coïncider l'angle ABD avec CBA, dans le sens indiqué par ces lettres.

*87. Par un point pris sur une droite ou hors d'une droite, on peut mener une perpendiculaire à cette droite. Car, si le point est extérieur, à droite et à gauche d'un point de la droite dont la distance au point donné est minimum, on trouvera toujours, en vertu de la loi de continuité, deux points équidistants du point extérieur; donc, etc. Si le point donné A est sur la droite, on portera AB = AC. Entre B et C, on mènera une ligne continue autre que la droite BC. Sur cette ligne existera, en vertu de la continuité, au moins un point D équidistant de B et de C. Alors la droite A D sera une perpendiculaire.

'88. D'un point extérieur, on ne peut mener qu'une seule perpendiculaire sur une droite donnée. D'abord, on peut en mener une, d'après le n° 87. Supposons maintenant qu'on puisse en mener deux, AB et AC. Portons, sur la droite donnée, CC′ = CB et joignons A C′. Les triangles ACB, ACC′ seraient égaux, comme ayant les angles en C égaux, AC commun et CC′ = CB. Donc l'angle C′ serait égal à l'angle B, donc AC′ serait une nouvelle perpendiculaire, et de plus on aurait AC′ = AB. Portant maintenant C′C′ = C′B et continuant ainsi de proche en proche, avec des parties toujours égales à C′B, on trouvera une suite indéfinie de perpendiculaires AC′ = AC′ = ... = AB. Mais les pieds C′, C′, ... de ces perpendiculaires, s'éloignent à l'infini, donc les lignes AC′, AC′, ... doivent devenir infinies, au lieu de rester égales à AB. Donc l'hypothèse est impossible et il n'y a qu'une seule perpendiculaire AB.

89°. Dans la géométrie doublement abstraite, la proposition qui précède doit être modifiée. Il est visible d'abord que, la droite BA étant perpendiculaire à BC, son prolongement AB′ est aussi perpendiculaire à BC, au point B′ opposé à B. En effet, prenons, sur BC, B γ = B γ′, puis retournons la figure en faisant coïncider AB avec elle-même, γ′ avec γ et γ avec γ′. La droite γγ′ reviendra entièrement sur elle-même et le point milieu B′ reviendra aussi à sa place primitive, donc les deux angles en B′ coïncideront, ce qui prouve que AB′ est une perpendiculaire à la droite γ B γ′ B′. Mais en dehors de AB et de AB′, il ne saurait exister une autre perpendiculaire, car si elle aboutissait au point C tel que 2BC fût un sous-multiple exact de D, on prouverait, par un raisonnement analogue à celui du numéro précédent, que AB′ = AB, ce qui, en général, n'est pas exact (nous allons revenir sur le cas d'exception).

Si BC′ (= 2BC) n'est pas un sous-multiple exact de D, on sait, au moins, que la répétition indéfinie de l'arc BC′ ramènera aussi près que l'on voudra du point B', de sorte que la conclusion sera la même.

Le cas d'exception est celui où A serait le milieu de BB', donc situé à une distance $\frac{1}{2}$ D de la droite CC'. Alors toutes les droites menées du point A à un point quelconque de la droite CC' sont perpendiculaires à cette dernière droite et égales à $\frac{1}{2}$ D. En effet, menons la droite quelconque ACC', C' étant le point opposé à C. On aura :

$$BCB' = D, \quad CB'C' = D; \quad \text{d'où} \quad BC = B'C'.$$

Les deux triangles ABC, AB'C' sont donc égaux comme ayant un angle égal entre côtés égaux, donc $AC = AC' = \frac{1}{2}$ D.

Dès lors, les triangles ABC, AB'C' étant isocèles, les angles en C et en C" sont égaux aux angles en B et en B', donc droits.

Même en écartant la géométrie doublement abstraite, les détails dans lesquels nous venons d'entrer et ceux qui suivront encore dans le même ordre d'idées ne sont pas absolument inutiles, parce qu'ils montrent comment on peut suivre exactement le même ordre et les mêmes méthodes dans l'étude de la géométrie de la surface sphérique que dans celle des figures rectilignes. Toutefois, dans l'étude de la sphère, il faut établir tout d'abord la notion de symétrie, afin que, deux triangles (ou deux systèmes quelconques) ayant le nombre voulu d'éléments égaux, on puisse toujours faire coïncider l'un, soit avec l'autre, soit avec le symétrique de l'autre.

*90. Si, d'un point A, on mène à une droite CC' une perpendiculaire AB et plusieurs obliques, la perpendiculaire est plus courte que toutes les obliques, et de deux obliques quelconques, celle qui s'écarte le plus du pied de la perpendiculaire est la plus longue. En effet, faisons mouvoir un point sur BC, à partir du point B et mesurons à chaque instant sa distance au point A. Cette distance, qui varie continûment, ne pourra avoir ni maxima, ni minima, car sans cela, dans le voisinage de ces maxima ou de ces minima, on trouverait nécessairement deux obliques égales et entre elles une perpendiculaire (84), ce qui est impossible (88). Donc la distance des points successivement rencontrés au point A augmente toujours ou diminue toujours; mais cette dernière hypothèse est impossible, puisqu'on doit aller à l'infini; donc la distance augmente toujours à partir du point B, ce qui démontre le théorème.

91ᴰ. Dans la géométrie doublement abstraite, le même raisonnement est applicable si AB est plus petit que $\frac{1}{2}$ D; alors AB est la plus petite distance rectiligne du point A à la droite CC' et D — AB est la plus grande.

Le cas d'exception, où AB serait égal à $\frac{1}{2}$ D, a déjà été traité.

*92. Un côté d'un triangle est plus petit que la somme des deux autres. Soit AB le côté considéré. Du sommet C abaissons une perpendiculaire sur ce côté.

Si la perpendiculaire tombe à l'extérieur de AB, du côté A par exemple, en D, on aura BD < BC (90), donc à fortiori AB < BC, AB < BC + CA.

Si la perpendiculaire CD tombe au contraire entre A et B, on aura (90) AD < AC, BD < BC, et en ajoutant : AB < AC + CB.

93ᴰ. Dans la géométrie doublement abstraite, le théorème du n° 92 ne peut être démontré que dans l'hypothèse où AB est moindre que D. Alors la démonstration précédente reste encore valable pour le cas du triangle isocèle (AB = BC). Prenons maintenant un triangle quelconque EFG (EF < D).

Soit EHF (différent de la droite EF, s'il est possible) l'un des minima parmi tous les chemins de E en F composés d'une ou de deux lignes droites, tels que EF et EGF. Soit, en outre, HF le plus petit des deux côtés EH, HF, lesquels sont nécessairement inégaux (sans quoi on aurait EF < EH + HF).

Portons sur HE, du côté E, HK = HF, et joignons KF (< D) (¹).

(¹) Deux points, pris sur deux côtés différents d'un même triangle, peuvent être joints par une droite moindre que D; car si l'on avait, par exemple, KF = D, la droite FE prolongée devrait passer en K, donc EK serait son prolongement. Ainsi EF et EH ne seraient pas deux côtés *différents*. La remarque présentée dans cette note peut être utile pour l'application des numéros suivants à la géométrie doublement abstraite.

Le triangle HKF étant isocèle, on a

$$KF < KH + HF;$$

donc

$$EK + KF < EH + HF,$$

ce qui est contre l'hypothèse; donc le seul minimum est EF, et le théorème est démontré pour tous les triangles dont la base est inférieure à D.

Si l'on avait EF = D, tous les contours formés de deux droites seraient égaux à D, mais ces deux droites seraient dans le prolongement l'une de l'autre.

*94. Si deux côtés d'un triangle sont égaux à deux côtés d'un autre triangle, chacun à chacun, et si l'angle compris entre les premiers est plus grand que l'angle compris entre les seconds, le troisième côté du premier triangle est plus grand que le troisième côté du second. Soient les deux triangles ABC, A'B'C', dans lesquels on a AB = A'B', AC = A'C' et l'angle BAC plus grand que l'angle B'A'C'. Le côté BC sera plus grand que le côté B'C'.

En effet, on peut, à cause de la continuité, trouver sur BC un point D tel que l'angle BAD soit égal à l'angle B'A'C'. Joignons AD, portons sur cette droite une longueur AC' = A'C' et joignons BC'. Les triangles A'B'C' et ABC' seront égaux.

On peut maintenant trouver, sur DC, un point I tel que l'angle DAI soit égal à l'angle IAC. Joignons C'I.

Les deux triangles CAI, C'AI ayant un angle égal compris entre côtés égaux, sont égaux, donc IC' = IC; mais, dans le triangle BC'I, on a :

$$BC' < BI + IC',$$

ou

$$BC' < BI + IC,$$

donc enfin

$$B'C' < BC \ (^1).$$

(¹) Rouché et de Comberousse, *Traité de géométrie*, 4ᵉ édition, 1ʳᵉ partie, p. 23.

95ᵇ. Dans la géométrie doublement abstraite, on peut toujours prendre, comme côtés du triangle ABC, ceux qui sont moindres que D. Alors le théorème et sa démonstration sont valables. On n'aura jamais besoin d'employer la propriété en question dans un autre sens.

˙96. Deux triangles qui ont les trois côtés égaux chacun à chacun sont égaux. C'est un corollaire évident du n° 94.

˙97. Si deux points A et B d'une droite AB sont, chacun, équidistants de deux points O et O' de l'espace, c'est-à-dire que l'on ait $AO = AO'$, $BO = BO'$, tout point C de la droite AB jouira de la même propriété, c'est-à-dire qu'on aura aussi $CO = CO'$. En effet, les triangles AOB, AO'B sont égaux (96) comme ayant les trois côtés égaux chacun à chacun, donc les angles OAB et O'AB sont égaux. Dès lors les deux triangles OAC, O'AC ont un angle égal compris entre côtés égaux, donc ils sont égaux et $CO = CO'$.

˙98. Lorsqu'une demi-droite AB tourne autour d'une droite CD à laquelle elle est perpendiculaire, elle vient, pendant la rotation, se placer sur son prolongement AE. En effet, les angles BAC, EAC sont égaux (86), donc (81) la coïncidence des côtés AB, AE peut être amenée par rotation autour de AC.

˙99. On appelle *plan* la surface engendrée par une demi-droite tournant autour d'une autre droite à laquelle elle est limitée et qui lui est perpendiculaire. Rappelons que la droite revient sur elle-même après avoir achevé sa révolution, de sorte que la surface se soude à elle-même et est continue autour de chacun de ses points. Elle est d'ailleurs infinie en tous sens, comme ses génératrices.

La droite autour de laquelle la génératrice du plan a tourné est évidemment perpendiculaire à toutes les droites qui passent par son pied dans le plan, c'est-à-dire à toutes les génératrices : elle est appelée perpendiculaire au plan. Réciproquement, on dit que le plan est perpendiculaire à la droite.

En tout point d'une droite, on peut lui mener au moins un plan perpendiculaire.

Il résulte du n° 98 que le prolongement de la demi-droite donnée décrit, en même temps, le même plan.

100. Lorsqu'un plan est perpendiculaire à une droite AB en son milieu O, ce plan fait évidemment partie, d'après son mode de génération, du lieu géométrique des points de l'espace qui sont à égale distance de A et de B, mais il n'est pas encore prouvé qu'il constitue à lui seul ce lieu tout entier. Observons toutefois que le lieu en question ne peut comprendre aucun volume continu, car si un certain volume en faisait partie, on pourrait prendre, dans ce volume, un point C, mener les droites CA et CB, puis sur l'une d'elles, CA par exemple, et encore dans le volume dont il s'agit, prendre un point C' et enfin joindre C'B. On aurait alors CB < CC' + C'B. Mais C'B = C'A, donc CB < CC' + C'A ou CA, ce qui est contre l'hypothèse. Ceci démontrerait en passant, s'il en était besoin, que le lieu décrit par la demi-droite, au n° 99, est bien une surface.

S'il existe maintenant, en dehors du plan perpendiculaire, un certain point également distant de A et de B, on aura, en le joignant au point O, une droite dont tous les points jouiront de la même propriété et en faisant tourner cette droite autour de AB, on aura un nouveau plan perpendiculaire faisant partie du lieu. Ainsi le lieu complet se compose d'un certain nombre de plans perpendiculaires, qui doivent d'ailleurs rester séparés les uns des autres, c'est-à-dire n'avoir en commun que le point O, puisque le lieu ne peut comprendre aucun volume continu, et que d'ailleurs deux droites issues de O ne peuvent se rencontrer une seconde fois.

101. Toute droite qui a deux points dans un plan s'y trouve tout entière. En effet, les deux points en question sont, chacun, à égale distance de deux points A et B pris sur la perpendiculaire autour de laquelle le plan a été engendré, et à égale distance du point d'intersection O de cette perpendiculaire avec le plan. Dès lors (97) tous les autres points de cette droite sont aussi équidistants de A et de B, donc ils appartiennent au lieu complet des points qui jouissent de cette propriété. Mais comme les différents plans qui peuvent constituer ce lieu complet ne se rencontrent qu'au point O et qu'en ce point là une génératrice ne change pas de plan (99), il s'ensuit que la droite donnée est tout entière dans le plan donné.

*102. Second mode de génération du plan. Autour d'un point quelconque du plan, traçons une courbe sphérique fermée appartenant à la région de croissance continue de la surface plane en ce point. Nous pouvons, d'après ce qui a été établi précédemment, faire mouvoir une droite, faisant partie d'un système invariable, de manière qu'elle passe toujours par le point choisi et qu'un autre de ses points décrive la courbe fermée dont il vient d'être question. Or, pendant ce mouvement, la droite reste toujours dans le plan donné (101) et elle décrit ce plan tout entier. Donc le plan peut être engendré par une droite tournant autour d'un point quelconque du plan.

*103. Par deux droites qui se coupent, ou par une droite et un point, ou par trois points non en ligne droite, on peut faire passer un plan et un seul.

Il suffit évidemment de considérer le cas de deux droites qui se coupent. Or l'angle de ces deux droites peut être reproduit entre deux génératrices d'un même plan, puisque l'angle de ces génératrices varie (99) entre le plus petit et le plus grand angle possibles. Transportant alors ce plan de manière à faire coïncider les angles, il passera par les deux droites données.

Supposons maintenant que l'on puisse faire passer deux plans par les droites données. Prenons respectivement sur ces droites, qui se coupent en A, les points B, C, et joignons BC. La droite BC sera aussi dans les deux plans (101). Dans le premier plan et dans l'intérieur du contour fermé ABC, prenons un point O. La droite qui le joint au point A doit sortir du contour fermé et doit par suite couper le côté BC en O'. Mais O' appartient au second plan, donc la droite AO' tout entière, et par suite le point O, est aussi dans ce second plan. Engendrons le premier plan (102) par une droite tournant autour de O. Dans toutes ses positions, cette droite devra rencontrer le contour fermé, donc toutes ses positions seront dans le second plan et les deux plans, étant ainsi engendrés en même temps, n'en forment qu'un seul.

En combinant le n° 103 avec le n° 85, on voit que tout plan peut coïncider avec lui-même par retournement.

*104. Si une droite AP est perpendiculaire à deux droites AB, AC, passant par son pied dans un plan, elle est perpendiculaire à une infinité de droites, passant par ce pied et formant une portion de plan continue entre les deux droites données d'abord. Avec les deux droites AB, AC, formons, comme au n° 103, un petit triangle ABC, entièrement contenu dans le plan. Si la droite AP est perpendiculaire à AB et à AC, elle sera aussi perpendiculaire à toutes les droites que l'on peut mener par le point A dans l'intérieur du triangle ABC.

En effet, soit AD une de ces droites. Prolongeons PA d'une quantité AP'=AP et joignons les points P et P' aux points B, C et D. De l'égalité des triangles PAB, P'AB, on déduit PB = P'B; de même PC = P'C, donc les triangles PBC, P'BC sont égaux, d'où l'on déduit l'égalité des angles qui portent les mêmes noms. A cause de cette dernière égalité, les triangles PBD, P'BD sont égaux à leur tour, d'où PD = P'D. Enfin les triangles PAD, P'AD ont les trois côtés égaux chacun à chacun. Les angles portant ces mêmes noms sont donc égaux, donc PA est perpendiculaire à AD.

Ainsi, entre les droites données, il existe une portion de plan continue telle que toutes les droites menées par le point A, dans cette portion de plan, sont perpendiculaires à la droite donnée AP.

*105. En un point d'une droite, il n'existe qu'un seul plan perpendiculaire.

Nous pouvons maintenant compléter le n° 100 et démontrer que le lieu géométrique des points équidistants de deux points donnés A et B se compose d'un seul plan. En effet, s'il y en avait deux, on pourrait prendre une droite dans chacun de ces plans, et entre ces deux droites, toutes deux perpendiculaires à AB, existerait, d'après le n° 104, une surface continue entièrement composée de perpendiculaires à AB, donc faisant partie du lieu. Les différents plans perpendiculaires ne seraient donc pas séparés les uns des autres, ce qui est contraire au n° 100.

Nous pouvons aussi compléter le n° 104 et dire que si une droite est perpendiculaire à deux droites passant par son pied dans un plan, elle est perpendiculaire à ce plan. En effet, le plan unique perpendiculaire à la droite au point donné doit comprendre les deux perpendiculaires données.

*106. Lorsqu'un plan est perpendiculaire à une droite AB en son milieu O, toute ligne joignant le point A au point B doit rencontrer le plan. En effet, sur chaque ligne telle que AMB, il existe, en vertu de la continuité, au moins un point M équidistant de A et de B et, en vertu de ce qui précède, ce point appartient nécessairement au plan.

*107. Si la ligne AMB se compose de deux lignes droites, une seule des deux pourra rencontrer le plan.

En effet, supposons que le contour brisé ACB, qui doit nécessairement rencontrer le plan, le rencontre en un point D situé sur la droite AC. Joignant DB, on aura : $CB < CD + DB$, mais $DB = DA$, donc $CB < CD + DA$, ou $CB < CA$. Ainsi celle des droites qui rencontre le plan est plus longue que l'autre, donc une seule peut le rencontrer. De là résulte que l'on peut définir nettement les deux côtés d'un plan, même à l'égard des points qui ne sont pas infiniment voisins de sa surface. Un point quelconque C de l'espace est dit du même côté que B ou du même côté que A, suivant que la portion de droite CB ou la portion de droite CA ne rencontre pas le plan.

Si B' est du même côté que B et A' du même côté que A, toute ligne allant de B' en A' rencontre le plan; sans quoi, en ajoutant à cette ligne les deux portions de droites AA' et BB', qui ne rencontrent pas non plus le plan, on aurait, de A en B, un contour continu AA'B'B ne rencontrant pas le plan, ce qui a été reconnu impossible. Ainsi le plan divise l'espace en deux régions telles qu'une ligne continue ne peut passer de l'une dans l'autre sans percer le plan.

*108. Par un point d'une droite dans un plan, on peut mener une et une seule perpendiculaire à la droite dans ce plan. Pour prouver qu'il existe une perpendiculaire, il suffit de prendre, à droite et à gauche du point donné, deux longueurs égales et de mener une ligne continue dans le plan entre les deux extrémités. Sur cette ligne existe nécessairement un point également distant des deux extrémités. Joignant ce point au point donné, on aura une perpendiculaire. S'il existait deux perpendiculaires, le plan donné lui-même serait perpendiculaire à la droite (105), ce qui est absurde. En répétant ici les raisonnements des n°ˢ 106 et 107, on verrait que la droite divise le plan en deux régions telles qu'une ligne continue ne peut passer de l'une dans l'autre sans rencontrer la droite.

Comme corollaire des n°ˢ 103, 105 et 108, on peut observer qu'une portion de plan limitée par une droite indéfinie, et n'ayant pas d'autre limite, rencontre tous les points de l'espace en tournant autour de cette droite.

*109. D'un point pris hors d'un plan, on peut mener une et une seule perpendiculaire à ce plan.

En effet, parmi toutes les droites que l'on peut mener du point A au plan, il y en a une ou plusieurs dont la longueur est minimum. Soit AB une de ces droites. Elle est nécessairement perpendiculaire à toutes les droites, telles que BC, qui passent par son pied dans le plan, sans quoi on pourrait mener du point A sur la droite BC une perpendiculaire, qui serait plus courte que AB et qui cependant aboutirait au plan. Ainsi AB est une perpendiculaire au plan. Dès lors elle est unique, car s'il pouvait

5

y en avoir deux, elles seraient toutes deux perpendiculaires sur la droite qui joindrait leurs pieds, ce qui est impossible (¹).

*110. Par un point d'un plan, on peut mener une et une seule perpendiculaire à ce plan.

Dans le plan donné et par le point donné, traçons une droite quelconque; au point donné, menons à cette droite un plan perpendiculaire, lequel contient nécessairement la droite D du plan donné, perpendiculaire à la première droite tracée. Dans le plan perpendiculaire et au point donné, menons une perpendiculaire à la droite D. Elle sera perpendiculaire à deux droites du plan donné, donc à ce plan lui-même. Elle est d'ailleurs unique, parce que toute autre perpendiculaire devrait pouvoir s'obtenir par la même construction.

*111. Si deux systèmes invariables identiques sont placés de telle manière que trois points de l'un, A, B, C, non situés en ligne droite, soient respectivement en coïncidence avec les trois points homologues A', B', C', de l'autre, ces deux systèmes doivent coïncider complétement.

En effet, les plans des trois points déterminés, dans chaque système, coïncident. Il en résulte que les points homologues situés dans ces plans coïncident aussi. Pour le prouver, considérons un point D dans l'un et son homologue D' dans l'autre. Abaissons de D et de D' les perpendiculaires respectives DE et D'E' sur AB et A'B'. Leurs pieds E et E' seront deux points homologues et ceux-là coïncideront, parce que les lignes AB et A'B' sont exactement appliquées l'une sur l'autre. Dès lors, les perpendiculaires ED et E'D' coïncideront aussi (108) et comme elles sont égales, le point D' coïncide avec D.

Soient maintenant deux points homologues quelconques F et F'. Abaissons, de ces points, des perpendiculaires FG et F'G', respectivement sur les plans ABC et A'B'C'. Leurs pieds G et G'

(¹) Nous empruntons cette démonstration à M. Ossian Bonnet (Voyez Rouché et de Comberousse 1ʳᵉ éd., p. 334), en écartant l'idée étrangère de parallélisme.

seront deux points homologues et par conséquent ils seront en coïncidence, d'après ce qui précède. Dès lors les perpendiculaires GF et G'F' coïncideront (110) et comme elles sont égales, le point F' coïncidera avec F.

*112. Du numéro précédent résulte une conséquence importante, mais assez abstraite, c'est que, dans le mouvement continu d'un système invariable, on peut assigner d'avance les trajectoires de trois points et les positions simultanées de ces points. Pourvu que ces trajectoires et ces positions soient telles que le triangle des trois points puisse rester invariable, il en sera de même du système entier. Car, si l'on fait décrire simultanément à ces trois points leurs trajectoires continues et si, à chaque instant, on cherche par le n° 111 l'homologue d'un point déterminé répondant à la première position du système, on voit que les positions successives de cet homologue forment une ligne continue. Il pouvait donc la décrire en même temps que les trois points donnés, en continuant à appartenir à un système identique au système primitif des points, et comme il en est de même de tous les autres, on voit que le mouvement continu de ce système invariable est possible, en conservant le mouvement déterminé d'avance des trois points donnés.

De là résultent un grand nombre de conséquences, que l'on aurait pu être tenté de considérer comme comprises dans ce qui précède, mais qui ne l'étaient cependant pas, à moins d'introduction tacite d'axiomes nouveaux :

1° Le plan peut glisser sur lui-même d'une infinité de manières, par exemple en assujettissant un point quelconque à décrire une ligne déterminée, ou même deux points à décrire deux lignes déterminées, pourvu que, dans ce second cas, la distance entre deux positions correspondantes reste constante, ou encore de manière à amener un de ses points sur un autre point désigné et à amener aussi la coïncidence de deux droites passant par ces points, dans l'un ou dans l'autre sens. Il suffit en effet de montrer qu'un troisième point, lié aux deux autres, peut aussi décrire une ligne continue, ou que l'on peut construire une série continue de triangles égaux, ce qui est évident.

2° La ligne droite jouit de la propriété de glisser sur elle-même en entraînant un système invariable dont elle fait partie.

3° Une ligne peut, en général, tourner d'une manière continue autour d'un point, en s'appuyant constamment sur une autre ligne donnée.

Nous avons toujours évité, jusqu'ici, l'emploi de ces propriétés, qui n'étaient pas comprises dans nos axiomes, et certains tours de démonstration que le lecteur aura peut-être trouvés un peu forcés, résultent de cette préoccupation (¹).

*113. Lorsqu'une droite se meut en passant par un point fixe et en s'appuyant constamment sur une droite ou directrice fixe, elle engendre évidemment une portion de plan.

C'est par ce moyen que l'on vérifie si une surface faisant partie d'un système invariable (par exemple le dessus d'une table à dessiner) est ou non plane, au moyen d'une règle bien dressée (72), dont on applique l'arête dans tous les sens sur la surface, ou, mieux, au moyen de laquelle on engendre la surface, comme cela vient d'être dit, sans qu'il puisse rester de vide nulle part entre l'arête rectiligne et la table, si celle-ci est réellement plane.

Revenons, à ce propos, sur la vérification de la rectitude d'une arête (72), que nous pouvons maintenant démontrer d'une manière rigoureuse. Si la ligne AB du numéro 72 n'était pas droite, il y aurait au moins un troisième point non situé en ligne droite avec A et B et coïncidant avec son homologue; dès lors tous les points homologues devraient coïncider deux à deux (111) et le système n'aurait pas subi de déplacement, ce qui est contre l'hypothèse.

(¹) Le fait que trois points d'un système invariable déterminent la position de tous les autres points aurait pu être établi depuis longtemps, par un raisonnement absolument semblable à celui du n° 111, mais on n'aurait pas pu en conclure la possibilité de faire suivre d'une manière continue, à un système invariable, le mouvement déterminé d'avance de trois points de ce système.

114ᴰ. Dans la géométrie doublement abstraite, il se présente, relativement aux nᵒˢ 97 à 113, des exceptions faciles à comprendre. Ainsi toute droite qui a un point dans un plan en a nécessairement deux, opposés entre eux. Il n'en résulte pas qu'elle soit dans le plan, etc.

En résumé, deux points opposés, soit sur une droite, soit dans un plan, comptent pour un seul.

Lorsqu'on joint deux points, il faut toujours le faire par une droite moindre que D et se rappeler la note du nᵒ 93.

*115. Les cercles, uniquement considérés jusqu'ici comme intersection de deux sphères, ou comme trajectoires de points qui tournent autour de deux points fixes, sont des courbes planes, trajectoires d'un point quelconque du plan, tournant autour d'un autre. En effet, un point quelconque A, tournant autour des centres O et O', se meut, comme on l'a vu, dans un plan perpendiculaire AP et tourne, dans ce plan, autour du point immobile P. La ligne AP s'appelle le rayon du cercle.

116ᴰ. Dans la géométrie doublement abstraite, on a vu (89) qu'un point pris à la distance $\frac{1}{2}$ D d'une droite est distant de la même quantité de tous les points de cette droite. Or, par ce point et cette droite, on peut faire passer un plan; donc, dans la géométrie doublement abstraite, la droite est un cercle dont le rayon est $\frac{1}{2}$ D.

D'un autre côté, il est évident qu'en faisant tourner un cercle de rayon quelconque autour d'une droite passant par le centre, on engendre une sphère de même rayon; si ce rayon est $\frac{1}{2}$ D, le cercle est en même temps une droite perpendiculaire au rayon, et doit décrire un plan (99); donc, dans la géométrie doublement abstraite, le plan est une sphère de rayon $\frac{1}{2}$ D.

De là résulte que la géométrie doublement abstraite du plan ne présentera plus, à l'avenir, aucune obscurité, à cause de l'habitude que nous avons d'étudier la surface sphérique.

*117. Si deux points A et B sont pris à égale distance du sommet,

sur les deux côtés d'un angle O, la distance AB augmente
continûment et indéfiniment avec OA. Nous le démontrerons en
remarquant que l'augmentation indéfinie est d'abord évidente si
l'angle O est droit, en vertu des propriétés des perpendiculaires et
des obliques; que si, ensuite, l'angle O est un sous-multiple exact
de 1^d $\left(\dfrac{1^d}{n}\right.$ par exemple$\left.\right)$, on n'a qu'à juxtaposer n triangles; et que,
si O est quelconque, on peut prendre un sous-multiple plus petit
et appliquer ensuite le théorème 94.

Non seulement AB devient infini, mais il y a augmentation
continue de zéro à l'infini. En effet, dans le cas contraire, on
devrait trouver deux distances AB et A'B' égales entre elles.
Menons la bissectrice de l'angle O. Elle sera perpendiculaire
à AB et à A'B', respectivement en C et en C' l'on aura AC = A'C'.

Au milieu D de CC' menons la perpendiculaire DE. Il est facile
de voir que les deux quadrilatères DCAE et DC'A'E peuvent
coïncider. Donc les angles en E sont droits. On pourrait donc, du
point O, abaisser deux perpendiculaires OD, OE, sur la droite DE,
ce qui est impossible. La distance AB augmente donc d'une
manière continue de zéro à l'infini.

118⁰. Cette démonstration est applicable à la fois à la géométrie
ordinaire et à la géométrie abstraite. Dans la géométrie doublement abstraite, les droites qui se croisent en O doivent se croiser
une seconde fois au point opposé O' et par conséquent la
distance AB, mesurée comme tout à l'heure, ne peut augmenter
que jusqu'à la perpendiculaire commune à OA et à OB.
On démontrerait comme plus haut que cette augmentation est
réelle et continue. Du côté opposé de la perpendiculaire
commune, s'effectue la diminution correspondante.

§ 6. — *La ligne droite considérée dans le plan.*

*119. Comme nous disposons maintenant du plan, au même
titre que dans les traités ordinaires, rien ne nous empêche de
suivre, pour les propositions non encore rencontrées et qui

n'exigent pas d'axiome supplémentaire, la même marche que dans ces traités, par exemple dans celui de MM. Rouché et de Comberousse, après avoir fait cette remarque évidente : Que le sens de l'inégalité de deux angles reste le même dans le mode de mesure par le plan (R. et de C., 4ᵉ éd., t. I, p. 6) que dans la mesure provisoire au moyen de la sphère, indiquée plus haut. Nous reviendrons sur l'exposition *élémentaire* du livre Iᵉʳ. Nous nous bornerons donc ici à renvoyer aux auteurs cités *pour les propositions non rencontrées*, jusqu'au § 58 inclusivement.

120. Nous nous trouvons maintenant, sous le rapport du parallélisme, devant trois hypothèses possibles : que par un point d'un plan, on ne puisse mener aucune parallèle à une droite de ce plan (¹); que l'on puisse en mener une seule, ou bien qu'il en existe plusieurs, lesquelles formeraient naturellement un faisceau de parallèles.

Comme une droite qui en rencontre une autre fort loin peut aisément être confondue, dans la pratique, avec une parallèle, et que, d'un autre côté, un faisceau très mince peut aussi être confondu avec une parallèle unique, il n'est pas étonnant que l'expérience ne puisse être assez précise pour opérer la distinction formelle entre ces hypothèses ; elle montre seulement que l'on ne peut pas commettre d'erreur appréciable dans la pratique, en admettant la seconde, mais théoriquement les trois hypothèses sont possibles.

La première répond à la géométrie doublement abstraite, déjà écartée par l'axiome II ; mais les deux autres, nous ne tarderons pas à le faire comprendre, ne peuvent encore une fois être séparées que par l'introduction d'un nouvel axiome expérimental.

*121. TROISIÈME AXIOME OU SECOND AXIOME SECONDAIRE (DE SIMPLIFICATION). — *Parallèle unique.* — Par un point pris hors d'une droite, on ne peut mener qu'une parallèle à cette droite.

(¹) Cette hypothèse est contraire au § 58 des auteurs auxquels nous venons de renvoyer, mais ce § 58 s'appuie sur notre axiome II, lequel n'est pas indispensable.

122. Comme nous venons de le rappeler (¹), cet axiome n'est que secondaire ou de simplification; il n'est pas indispensable, même après l'admission du précédent (n° 39), c'est-à-dire que, contrairement à ce qui arrive pour l'axiome I et conformément à ce qui arrive pour l'axiome II, on peut établir sans son secours une géométrie complète, plus compliquée en théorie que la géométrie ordinaire, mais qui coïncide cependant avec cette dernière dans les applications pratiques. C'est la géométrie de Gauss ou géométrie (simplement) abstraite.

123. L'axiome n'étant pas indispensable, la seule condition à laquelle il doit satisfaire est donc celle d'être indémontrable.

Nous avons dit (n° 33) que tout ce qui peut se démontrer pour la distance physique peut se démontrer aussi, dans les mêmes conditions, pour l'une quelconque des distances analytiques. Pour employer ici ce criterium, il faut transformer notre troisième axiome, de manière qu'il ne renferme plus que l'idée de distance. Or l'une des mille formes possibles et équivalentes de cet axiome est la suivante :

Étant donnés sept points de l'espace, O, O', A, B, C, D, E, tels que :

$$OA = O'A, \quad OB = O'B, \quad OC = O'C, \quad OD = O'D, \quad OE = O'E;$$
$$AB = BC, \quad AC = 2AB, \quad AD = BE, \quad DB = EC;$$

on aura aussi :

$$AB = DE.$$

Si cette proposition pouvait être déduite des précédentes, il en résulterait que toute distance analytique satisfaisant à tous les axiomes précédents devrait satisfaire également à celui-ci. Or il n'en est rien, puisque l'expression (2) du n° 14 satisfait aux axiomes I et II et non à l'axiome III. Donc ce dernier axiome (²) est indépendant de ceux qui le précèdent et constitue un principe expérimental séparé.

(¹) Comparez avec le n° 40.
(²) Souvent nommé *postulatum d'Euclide*.

124. Il y a donc trois systèmes de géométrie possibles :

1ᵉʳ syst. Axiome I. Riemann.

2ᵉ syst. Axiomes I et II. Gauss.

3ᵉ syst. Axiomes I, II et III. Euclide.

Aucune autre combinaison n'est possible, car l'axiome I *est* *indispensable*, et l'axiome III n'a pas de sens si l'on n'admet pas l'axiome II, puisque dans cette hypothèse (116) deux droites quelconques d'un plan se rencontrent.

La figure symbolique du n° 42 se complète donc comme suit :

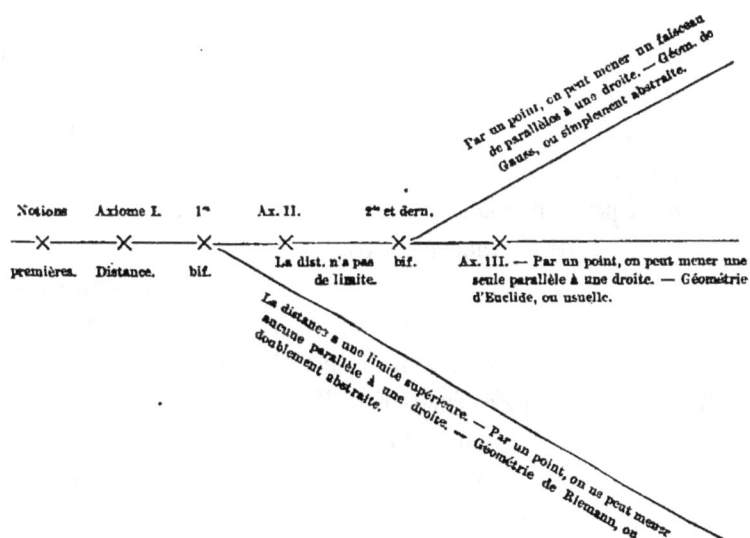

125. Dans la *géométrie abstraite*, nous l'avons dit, on peut mener par un point un faisceau de parallèles à une droite donnée. Mais, pour être bien compris, ce fait exige quelques explications. Il est d'abord évident que si, par un point, on peut mener deux parallèles à une droite, il en résultera l'existence d'un faisceau complet, car les lignes menées dans deux des quatre angles que les parallèles font entre elles ne pourront pas non plus rencontrer la droite donnée.

Mais il est nécessaire de prouver que si, en un seul point du plan existe le faisceau en question, il existera partout, c'est-à-dire que, par un point quelconque du plan, on pourra mener au moins deux parallèles à la droite donnée, et à toute autre droite.

En d'autres termes, les deux systèmes de géométrie, usitée et abstraite, ne sauraient exister simultanément : ou bien toujours une parallèle unique, ou bien toujours un faisceau. Supposons en effet que, par un point A, on ait pu mener deux parallèles A B, A C, à une droite D E. Nous disons qu'il en sera de même en un point quelconque du plan. En effet, nous pouvons d'abord faire glisser la figure donnée le long de la droite D E jusqu'à ce que la perpendiculaire A F, abaissée du point A sur D E, passe par le point quelconque, ce qui revient à supposer que ce point soit pris sur cette perpendiculaire. S'il est du côté opposé à A, on pourra replier la figure autour de D E, de manière à le faire tomber du côté A. Si alors il n'est pas compris entre F et A, on mènera, par le point choisi, deux perpendiculaires, respectivement à A B et A C, puis deux perpendiculaires à ces perpendiculaires. Il est évident qu'elles ne pourront rencontrer D E.

Reste donc à supposer que le point donné soit situé entre A et F. Par le point F, menons F G perpendiculaire à A B. Entre F A et F G existera nécessairement, à cause de la continuité, une droite F H formant des angles égaux F et H avec les droites D E, A B[1]. Au milieu M de F H, menons-lui une perpendiculaire qui rencontre F A en K. La droite K M, symétrique par rapport à H B et à F E, ne rencontre aucune de ces droites, car sans cela elle devrait les couper au même point : or elles-mêmes ne se rencontrent pas. Ainsi K M est une autre parallèle à F E. A cause de la symétrie, la droite K H est perpendiculaire à A B, et l'on a F K = K H < K A ; ainsi le point K, par lequel on mène la parallèle à D E se trouve, par cette construction, rapproché du point F *de plus de moitié* par rapport au point A ; et il y a toujours deux parallèles par le point K, puisque la construction peut se faire au-dessus et au-dessous de A F ; donc, en continuant ainsi, on rapprochera autant que l'on

---

[1] Car les droites A B et A C peuvent être supposées symétriques par rapport à la perpendiculaire en A à la droite A F.

voudra les parallèles de D E et le point primitivement donné finira par tomber du côté opposé à F par rapport à ces parallèles, c'est-à-dire que l'on rentrera dans un cas déjà considéré.

Ainsi, par tous les points du plan, on peut mener deux parallèles, et par conséquent un faisceau de parallèles, à la droite DE.

Nous disons maintenant que, par un point quelconque O, on peut mener deux parallèles (ou un faisceau) à une droite quelconque P Q.

Pour le démontrer, faisons mouvoir le système O P Q, dans le plan, jusqu'à ce que la droite P Q coïncide avec DE. Alors le point O tombera en O' par exemple. Or par O' on peut mener deux parallèles à DE. Ramenons maintenant P Q O dans son ancienne position, en entraînant ces deux parallèles. Nous obtiendrons deux parallèles menées par O à la droite P Q.

Ainsi les deux systèmes de géométrie ne peuvent exister simultanément : ou bien par chaque point du plan, on peut mener un faisceau de parallèles à chaque droite du plan (géométrie abstraite); ou bien par chaque point du plan, on ne peut mener qu'une seule parallèle à chaque droite du plan (géométrie usitée).

Dans cet article nous supposons, bien entendu, l'admission de l'axiome II; si on le rejette, le parallélisme n'existe pas (géométrie doublement abstraite).

CHAPITRE II.

Exposition de la géométrie dans les traités élémentaires.

Maintenant que nous avons fait voir comment tous les principes de la géométrie peuvent se déduire des trois axiomes par une marche assez longue et assez compliquée, mais rigoureuse, nous allons indiquer les modifications qu'il faudrait, d'après nous, introduire dans les traités de géométrie élémentaire pour les mettre d'accord avec l'exposition la plus scientifique des principes fondamentaux, tout en conservant la simplicité que doit comporter l'enseignement, surtout au début. Les modifications dont il s'agit portent principalement, on le conçoit, sur le livre Ier; cependant, nous en indiquerons aussi quelques-unes pour les autres livres. Elles ont surtout pour but, les unes, de rapprocher la géométrie de la sphère de celle du plan; les autres, de n'employer que les principes strictement nécessaires (quand la simplicité n'en souffre pas trop), méthode qui est rationnelle en elle-même et qui prépare à l'étude des systèmes de géométrie non usuels. Nous prendrons pour base la 4e édition du traité de MM. Rouché et de Comberousse pour la géométrie plane (¹), et la 3e pour la géométrie de l'espace. Les numéros sont ceux de ce traité. Nous réduisons nos modifications au minimum; nous conservons autant que possible l'ordre raisonné des matières adopté dans le traité en question; nous ne proposons aucune modification non motivée, qui se réduirait à

(¹) Cette 4e édition, qui porte le millésime 1879, a paru en octobre 1878. Le premier livre y est notablement amélioré. Les autres livres étaient déjà presque irréprochables dans les éditions antérieures.

un changement de rédaction. Nous ne nous sommes pas arrêté non plus à rétablir partout les principes sous-entendus, ce qui occasionnerait des longueurs fastidieuses. Il suffit que les raisonnements ne donnent prise à aucune objection dont la réponse ne se trouve pas d'avance dans les études précédentes. Ainsi, par exemple, les idées de la fixité et du mouvement sont admises comme notions premières dès le numéro 1. Nous n'y changeons rien. En cas de doute, il suffit de recourir au chapitre 1ᵉʳ de ce mémoire. Il en est de même dans plusieurs autres cas.

TRAITÉ DE GÉOMÉTRIE ÉLÉMENTAIRE.

INTRODUCTION.

1.

2. La *distance* de deux points est une notion fondamentale qui ne peut être définie, c'est-à-dire ramenée à une autre plus simple.

Un système quelconque est dit *invariable* lorsque les distances entre tous les couples de points y restent constantes. Les corps que nous appelons *solides* nous offrent l'image de systèmes invariables.

Lorsqu'un point décrit une ligne continue, sa distance à un point quelconque varie d'une manière continue.

On peut faire tourner un système invariable autour d'un point fixe, de manière à amener un point quelconque de ce système sur tout autre point de l'espace situé à la même distance du point fixe.

Lorsqu'un système invariable est muni de deux points fixes, il peut encore se mouvoir autour de ces deux points.

Les propriétés mentionnées dans ce numéro constituent l'axiome fondamental de la distance géométrique, ou la définition de cette distance par les propriétés essentielles que nous lui attribuons instinctivement ou expérimentalement. C'est le premier axiome de la géométrie, et il est indispensable à l'établissement de cette science.

2′ (¹). La distance de deux points n'a pas de limite supérieure et peut augmenter indéfiniment. C'est le second axiome de la géométrie; mais, à l'inverse du premier, il n'est pas absolument indispensable. C'est un axiome de simplification.

3. A l'aide des deux axiomes qui précèdent, on peut démontrer rigoureusement, mais par une méthode trop compliquée pour prendre place dans les éléments, les propriétés qui suivent dans ce numéro et celles dont il est question aux numéros 5 et 8. Ces propriétés peuvent aussi être considérées comme résultant de l'expérience, ou comme intuitives.

Dans le mouvement d'un système invariable autour de deux points fixes, il existe une ligne continue et infinie passant par ces deux points et qui, en la supposant liée au système, reste tout entière immobile pendant la rotation et constitue le lieu géométrique de tous les points immobiles. Cette ligne s'appelle la *ligne droite*. Un fil tendu ou le bord d'une règle bien dressée en offre l'image.

Par deux points quelconques, on peut faire passer une et une seule ligne droite.

La ligne droite peut glisser sur elle-même, en entraînant un système invariable dont elle fait partie (²).

3′ et 4. — 3 et 4.

5. Il existe une surface telle que toute droite joignant deux points de cette surface y est contenue tout entière. Cette surface, nécessairement infinie dans tous les sens, s'appelle le *plan*, et l'image en est offerte, soit par une glace-polie, soit par la surface d'une eau tranquille, soit par le dessus d'une table à dessiner bien construite.

(¹) Les indices que nous introduisons ici et plus loin ont pour objet de simplifier les indications, en ramenant autant que possible la correspondance de nos numéros avec ceux de l'auteur. Si le plan de l'ouvrage que nous esquissons était réalisé, il vaudrait mieux changer tout le numérotage.

(²) A l'avenir, chaque fois que nous ferons mouvoir un système quelconque, il sera sous-entendu qu'il est invariable pendant le mouvement, à moins d'indication contraire.

On peut faire glisser un plan sur lui-même, de manière à amener un de ses points sur un autre point désigné et à amener aussi la coïncidence de deux droites passant par ces points, dans l'un ou dans l'autre sens.

Une portion de plan limitée par une droite indéfinie et n'ayant pas d'autre limite, rencontre tous les points de l'espace en tournant autour de cette droite.

Une surface formée de plusieurs portions de plan distinctes est dite *brisée*, et l'on confond sous la dénomination commune de surfaces *courbes* toutes les surfaces autres que le plan et les surfaces brisées.

6.

7. Au lieu de : un axiome est une proposition évidente par elle-même, nous dirions : un axiome est une proposition qui résulte de l'expérience ou de l'intuition, dont on ne peut pas donner de démonstration directe, mais que l'on admet comme point de départ des raisonnements ultérieurs. Nous avons rencontré déjà deux axiomes dans ce qui précède et nous en rencontrerons bientôt un dernier (n° 59).

GÉOMÉTRIE PLANE.

—

LIVRE Ier.

LA LIGNE DROITE.

§ 1er. — *Des angles.*

8. Nous remplacerions le premier alinéa par ces mots : On appelle *angle* la figure formée par deux droites qui se rencontrent en un point où on les suppose toutes deux limitées ; et nous ajouterions, à la fin du numéro, cette proposition dont nous reconnaîtrons bientôt la nécessité : On démontre que tout angle peut coïncider avec lui-même par retournement. Il en résulte (ce qui peut d'ailleurs aussi se démontrer *à priori*) que toute droite limitée peut coïncider avec elle-même par retournement.

La proposition relative à l'angle, laquelle dépend au fond de la géométrie de l'espace, puisque le retournement ne peut se faire dans le plan, est indispensable, parce que sans elle toutes les relations entre les angles deviendraient obscures, et l'on ne saurait plus établir la théorie des figures planes égales non semblablement disposées.

Au contraire, l'idée du retournement du plan lui-même n'est pas indispensable, mais cependant fort commode pour la simplicité et la clarté des démonstrations. Elle se déduit d'ailleurs rigoureusement des axiomes (¹) et est employée, tantôt explicitement, tantôt implicitement, par les auteurs que nous suivons.

Nous admettrons donc qu'un plan peut coïncider avec lui-même par retournement et que ce retournement peut s'effectuer autour d'une droite du plan, ce que l'on appelle souvent *plier la figure*.

Mais cette dernière expression n'a pas besoin d'être prise dans un sens absolu. On peut toujours arriver au même résultat en retournant le plan de la figure d'une manière quelconque, puis amenant cette figure par glissement à la place qu'elle doit occuper. On fait ainsi coïncider deux figures *symétriques* qui ne sauraient être amenées l'une sur l'autre par le glissement seul (²).

9. Il importe d'observer que l'on admet implicitement ici le glissement du plan sur lui-même (n° 5), sans quoi le raisonnement ne serait pas exact. De plus, on admet aussi l'identité de l'angle $B'A'C'$ avec l'angle $C'A'B'$ (n° 8), sans quoi on ne pourrait comparer, *dans le plan*, que des angles dont les côtés *homologues* seraient dirigés dans le même sens. Nous ne répéterons plus ces observations.

(¹) En particulier, elle résulterait immédiatement de la combinaison des notions qu'on vient d'admettre avec le n° 492 du livre V de la géométrie de MM. Rouché et de Comberonsse, lequel numéro pourrait être transporté ici.

(²) On peut, par exemple, faire en sorte qu'une droite désignée revienne sur elle-même, chaque point reprenant sa place primitive. On obtient ainsi le même résultat que si l'on avait réellement *plié* la figure autour de la droite en question.

10. Nous ajouterions ici l'observation suivante :

Il en résulte encore que deux droites qui se rencontrent dans un plan se coupent, c'est-à-dire se traversent, ou que chacune des deux passe du côté opposé par rapport à l'autre. Pour le prouver, il suffit de considérer d'abord les deux droites comme appliquées l'une sur l'autre, puis de ramener l'une des deux sur la seconde droite donnée, en observant que chaque point décrit une courbe fermée et que tous les points d'une même courbe, supposés entraînés dans le mouvement de la droite, marchent dans le même sens.

11 à 24.

§ 2. — *Des triangles.*

25 à 33.

34. Tout angle extérieur d'un triangle est plus grand que les angles intérieurs non adjacents. Cette proposition, implicitement contenue dans le n° 34 de l'auteur, est utile par elle-même et mérite d'être énoncée séparément. Il est vrai qu'elle est aussi contenue dans le n° 73, mais ce numéro dépend des parallèles, tandis que la propriété citée en est indépendante. — Déduire de cette propriété, comme corollaire, le n° 74.

34'. Énoncé du n° 34. Démonstration simplifiée par l'introduction du numéro précédent.

35 à 41.

§ 3. — *Des perpendiculaires et des obliques.*

42. Ajouter que les angles aigus formés par les obliques avec AB diminuent à mesure qu'on s'éloigne du pied de la perpendiculaire; se baser pour cela sur le n° 34; en déduire l'égalité de deux triangles qui ont un côté égal, un angle adjacent égal et l'angle opposé aussi égal de part et d'autre (seconde partie du n° 76 de l'auteur).

43 à 49.

6

49'. La ligne droite divise le plan en deux régions telles qu'une ligne continue ne saurait passer de l'une dans l'autre sans rencontrer la droite. Démonstration semblable à celle du chapitre Ier, n° 107.

50 à 54 ([1]).

§ 4. — *Des parallèles.*

55 à 58.

59. Par un point pris hors d'une ligne droite, on ne peut mener qu'une parallèle à cette droite.

C'est le troisième et dernier axiome de la géométrie. Comme le second, et à l'inverse du premier, il n'est pas absolument indispensable. C'est un axiome de simplification. De cet axiome résultent les deux propositions suivantes :

60 à 68.

69. Ajoutez l'observation suivante :

Si l'on mesure la distance de deux perpendiculaires à une même droite en joignant deux points pris sur ces perpendiculaires à égale distance de la droite en question, on peut dire aussi que deux perpendiculaires à une même droite sont partout équidistantes.

69°. Tout ce § 3, à partir du n° 59, n'existe que dans la géométrie usitée ([2]).

69^{A}. Dans la géométrie abstraite, la distance de deux perpendiculaires à une même droite augmente toujours à mesure que l'on

---

([1]) Les paragraphes 1, 2 et 3 sont applicables aux trois systèmes de géométrie, sauf les différences résultant, dans la géométrie doublement abstraite, de ce que la droite n'est pas infinie. Ces différences ont été toutes indiquées au chapitre Ier.

([2]) Les articles dont les numéros sont suivis des lettres O (observations), A (abstraite), D (doublement abstraite), A D (abstraite et doublement abstraite) n'appartiennent pas à l'exposition de la géométrie élémentaire. Ils servent de complément au chapitre Ier.

s'éloigne de cette droite. En effet, soient AC et BD égales entre elles et perpendiculaires à AB. Nous disons d'abord que CD ne peut être ni plus petit que AB, ni égal à AB.

Si CD était plus petit que AB d'une quantité δ, on pourrait répéter *n* fois la figure le long de la ligne AB prolongée, en prenant *n* assez grand pour que *n*δ fût plus grand que 2AC. Alors on aurait :

$$n.AB > n.CD + 2AC,$$

ce qui est impossible, parce que la ligne droite est moindre que toute ligne brisée aboutissant aux mêmes extrémités.

Si CD était égal à AB, les triangles ABD, ACD seraient égaux comme ayant les trois côtés égaux chacun à chacun, donc les angles C, D, évidemment égaux entre eux, seraient droits. Alors on pourrait répéter la figure en hauteur et obtenir une suite de droites C' D', ..., toutes égales à CD et à AB, avec une suite d'angles droits C', D', ... La même figure pourrait être construite au-dessous de AB.

Dès lors, *toute oblique* partant de A entrerait, soit au-dessus, soit au-dessous, dans cette série de rectangles, et, comme elle doit s'écarter indéfiniment de AC (ch. I, n° 117), elle ne pourrait pas rester dans ces rectangles, puisque leurs côtés n'augmentent pas; donc elle irait toujours rencontrer la perpendiculaire BD, ce qui est contraire à l'hypothèse de la géométrie abstraite (125); donc il faut admettre CD > AB.

La valeur de CD commençant par augmenter, elle doit augmenter toujours, car, s'il en était autrement, on pourrait trouver deux valeurs égales de cette ligne. On démontrerait aisément alors qu'au milieu de la distance qui les sépare se trouve une nouvelle perpendiculaire commune à AC et à BD. Or ceci est impossible, puisque, en comparant sous le rapport de la longueur cette perpendiculaire commune et la droite AB elle-même, chacune de ces droites devrait être, à volonté, soit la plus petite, soit la plus grande, d'après ce qui précède; donc l'augmentation doit être continue.

69ᵈ. Dans la géométrie doublement abstraite, au contraire, la distance CD diminue toujours à partir de la droite AB; mais ceci est déjà compris dans le théorème du n° 118 (ch. I).

70 et 71.

§ 5. — *Somme des angles des polygones.*

72. La somme des angles d'un triangle quelconque ABC est égale à deux angles droits.

Bien que la démonstration de l'auteur soit irréprochable, nous proposerons, surtout au point de vue de l'analogie entre les trois systèmes de géométrie et même de l'analogie entre le plan et la sphère, de la remplacer comme suit .

Prolongeons BC (*fig.* 1) et reproduisons le même triangle dans une position analogue en A'CD. Si, de A et de A', on abaisse les perpendiculaires AP et A'P', on aura, évidemment, PP′ = BC; mais AA′ = PP′ (69), donc AA′ = BC.

Les triangles ABC, CAA', ont donc les trois côtés égaux chacun à chacun, donc on a :

$$A = ACA'.$$

De plus :

$$B = A'CD \quad \text{et} \quad C = C,$$

d'où en ajoutant :

$$A + B + C = C + ACA' + A'CD = 2 \text{ droits.}$$

72ᴬᴰ. Appliquant le même mode de démonstration, dans les deux autres systèmes de géométrie, on voit que la somme des angles de tout triangle est plus petite que 2ᴰ dans la géométrie abstraite, et plus grande que 2ᴰ dans la géométrie doublement abstraite. Pour le reste, les § 5 et 6 n'existent que dans la géométrie usitée.

73.

74. — 75.

75. — 76. Supprimez la partie déjà établie au n° 42.

76 et 77. — 77 et 78.

78 et 79. — 79. Nous divisons ce numéro en deux, pour rétablir la concordance.

80 et 81.

§ 6. — *Du parallélogramme.*

82 à 89.

LIVRE II.

LA CIRCONFÉRENCE DE CERCLE.

§ 1er. — *Des arcs et des cordes.*

90 à 105.

§ 2. — *Tangente au cercle. — Positions mutuelles
de deux circonférences.*

106 à 114.

115. — 119.

116. Deux circonférences ne peuvent avoir trois points communs sans coïncider. En effet, on pourrait alors, par l'un de ces points communs, mener deux cordes communes et toutes deux devraient être perpendiculaires à la ligne des centres (115), ce qui est impossible. Il résulte de cette proposition que deux circonférences distinctes... (118).

117 à 120. — 120 à 123.

121 à 123. — 115 à 117.

§ 3. — *Mesure des angles.*

124 à 137. La théorie générale de la mesure des grandeurs nous paraît nécessaire dès le livre Ier, pour bien comprendre l'addition des droites et des angles et acquérir, par exemple, la certitude que le résultat de cette opération est indépendant de l'ordre dans lequel on dispose les grandeurs ajoutées.

138 à 144. Ces numéros n'existent que dans la géométrie usitée.

145 (¹). Il y a une réserve à faire sur le contenu de ce numéro. La coïncidence des deux lignes ACB, AC'B ne prouve leur rectitude que si l'on a opéré sur une surface plane, et pour s'assurer qu'une surface est plane, il faut posséder déjà une arête rectiligne. Mieux vaudrait peut-être en revenir au procédé du n° 72 du chapitre Iᵉʳ, au moins pour la constatation de la rectitude d'une première arête. Ayant alors vérifié, au moyen de celle-ci, que la surface de la table à dessiner est plane, le procédé indiqué au n° 145 de l'auteur devient légitime pour les autres règles ou équerres.

146 à 183, mais parmi les problèmes résolus, il en est plusieurs dont la solution n'est valable qu'en géométrie usitée. Nous nous bornons à faire cette distinction pour les théorèmes.

LIVRE III.
LES FIGURES SEMBLABLES.
(Géométrie usitée.)

184 à 211.

212. Le fait que les trois médianes d'un triangle se coupent au même point est indépendant des axiomes II et III, et vrai dans les trois systèmes de géométrie. Il en résulte qu'on pourrait le démontrer sans invoquer la notion de similitude, mais nous ne le proposons pas cependant, parce qu'ici cette notion simplifie très notablement la démonstration. Nous aurons l'occasion d'y revenir à propos des triangles sphériques.

213 à 258.

259. A propos de la résolution des équations du second degré avec la règle et le compas, il serait intéressant de démontrer que tout problème de géométrie plane, résoluble avec ces deux instruments, peut se ramener à des équations du premier et du

---

(¹) Partout où nous n'indiquons pas la division en paragraphes, nous conservons celle de l'auteur.

second degré. On pourrait citer, comme exemple, la réduction si simple et si remarquable de l'équation

$$x^{17} - 1 = 0$$

à trois équations du second degré.

On pourrait même résumer les travaux qui ont été faits sur la question de savoir si un problème donné est ou non résoluble avec la règle et le compas.

260 à 270.

271 à 281. Il serait bon de faire observer que toutes ces propositions sont comprises dans l'énoncé beaucoup plus général qui suit : Pour que la division de la circonférence en m parties égales puisse être effectuée avec la règle et le compas, il faut et il suffit que les facteurs premiers de m, différents de 2, soient de la forme $2^n + 1$ et qu'ils entrent seulement à la première puissance dans m. Cette observation se relie à celle qui a été présentée sur le § 259.

282 à 286.

287. Cette démonstration n'est pas assez générale, car du moment que $a' = \frac{1}{2}(a+r)$ et que $r' = \sqrt{a'r}$, on a nécessairement

$$r' - a' < \frac{1}{4}(r-a),$$

lors même que r et a ne représenteraient pas le rayon et l'apothème d'un même polygone régulier. Il vaut donc mieux présenter cette propriété comme une simple conséquence analytique des formules, d'autant plus que sa démonstration est ainsi plus facile à retenir.

288 et 289.

290. Bien que la démonstration soit ingénieuse, nous préférerions opérer comme aux nᵒˢ 386 et 387 (tome II) de l'ouvrage intitulé : *Des méthodes dans les sciences de raisonnement*, par Duhamel, parce que, en opérant ainsi, une seule et même démonstration peut servir pour les lignes planes, les lignes à double courbure et les surfaces courbes. Aucune des notions

employées par Duhamel ne peut être évitée, sauf celle des parallèles, qui peut l'être aisément, mais qui se présente aussi dans la démonstration de MM. Rouché et de Comberousse.

291. On pourrait ajouter ici les deux propositions suivantes qui sont souvent utiles:

4° Le rapport de la flèche à l'arc ou à la corde a pour limite zéro lorsque l'arc tend vers zéro. La flèche peut se définir de plusieurs manières, sans que le théorème cesse d'être vrai, par exemple comme étant la perpendiculaire abaissée d'une extrémité de l'arc sur la normale à l'autre extrémité.

5° Le cercle est la seule courbe dont toutes les normales se coupent au même point. C'est une conséquence immédiate du théorème relatif à la flèche, définie comme elle vient de l'être.

Ainsi que le n° 290, le n° 291 est indépendant du système de géométrie adopté.

292.

293. Il n'est pas prouvé jusqu'ici que l'on ne puisse construire π, ou, ce qui revient au même (comme on le verra au n° 449), construire un carré rigoureusement équivalent à un cercle donné, même avec la règle et le compas. Toutefois, les plus grands géomètres, ayant examiné cette question, y ont reconnu des difficultés d'un ordre tel que les commençants ne peuvent ni les vaincre, ni même s'en faire une idée exacte. Telle est la vraie raison qui doit les détourner de cette étude et qu'il convient de leur donner. On en donne quelquefois d'autres qui sont détestables, par exemple celle-ci: que π étant connu avec autant de décimales que l'on veut, sa construction géométrique n'aurait aucune utilité pratique! ou bien encore que Lambert, Legendre et M. Hermite ont prouvé que π et π^2 sont incommensurables avec l'unité (¹). Les efforts

---

(¹) Dans la démonstration de M. Hermite, telle qu'elle est présentée par MM. Rouché et de Comberousse (T. II, p. 523 et 524), il faut remplacer la dernière égalité par la suivante:

$$N = \frac{\left(\dfrac{b}{a}\right)^{\frac{1}{2}} \left(\dfrac{b}{\sqrt{a}}\right)^{2m}}{2.4.6\ldots 4m} \int_0^1 (1-z^2)^{2m} \cos \frac{\pi z}{2}\, dz.$$

même que ces grands géomètres ont dû faire pour cela prouvent que la question de savoir si π^{ι} est ou non commensurable, reste absolument douteuse. Or, si l'on pouvait obtenir une valeur commensurable de π^{ι}, la construction de π, avec la règle et le compas, s'ensuivrait immédiatement. Ces observations se relient aussi à celles qui ont été présentées sur le § 259.

294 à 296.

297. Ne suffirait-il pas de dire :

Dans la pratique, on évalue les angles en parties aliquotes de la circonférence, c'est-à-dire en degrés, minutes et secondes (n° 151); mais en théorie, lorsqu'on veut introduire un angle dans une formule, on le mesure par la longueur de l'arc intercepté dans un cercle ayant pour centre le sommet de l'angle et pour rayon l'unité de longueur. L'angle droit ou l'angle de 90° est alors mesuré par $\frac{\pi}{2} = 1,5707...$, ce qui permet de passer aisément d'un système de mesure à l'autre.

298 et 299.

300. On peut observer que la relation

$$a_{k+1} - r_k = -\tfrac{1}{2}(r_k - a_k),$$

combinée avec cette autre :

$$r_{k+1} - a_{k+1} < \tfrac{1}{4}(r_k - a_k),$$

montre que dans la série

$$a_1, \quad r_1, \quad a_2, \quad r_2, \ldots,$$

la différence des deux derniers termes calculés, entre lesquels $\frac{1}{\pi}$ est toujours compris, diminue au moins de moitié chaque fois qu'on ajoute un terme.

301 à 410.

LIVRE IV.

LES AIRES.

(Applicable en général à la géométrie usitée seule, à partir du n° 412, et sauf les exceptions indiquées.)

411. Dire que l'*aire* est une *étendue*, c'est remplacer un mot par un autre. Les auteurs semblent s'être départis ici de la rigueur qu'ils ont introduite presque partout ailleurs dans leurs éléments de géométrie. L'aire d'une surface plane est la limite vers laquelle on converge lorsqu'on applique sur cette surface, d'abord une ou plusieurs fois l'unité des aires, si elle peut y être placée, puis successivement chacun de ses sous-multiples, aussi souvent que possible, dans les parties non occupées par les unités précédentes, jusqu'à épuisement de la surface donnée, et que l'on ajoute les résultats numériques obtenus, exprimés en fonction de l'unité principale.

Il est nécessaire de démontrer que cette limite est unique (¹), c'est-à-dire indépendante de la manière dont on exécute la superposition; par exemple de l'*orientation* des carrés représentant l'unité et ses sous-multiples successifs.

Une observation analogue a été faite par M. Catalan, mais ce géomètre ne l'applique qu'aux aires planes terminées par des lignes courbes. Cette distinction ne nous paraît pas avoir de raison d'être: sans la notion, exprimée ou sous-entendue, de limite, nous ne comprendrions pas plus l'aire d'un rectangle que celle d'un cercle.

Quant à la manière de faire cette démonstration, il suffit d'adopter d'abord une orientation unique et invariable des carrés dans un plan donné, pour l'évaluation des aires. Quand alors on sera arrivé, par la méthode ordinaire, à l'aire d'un triangle qui a un côté parallèle à la direction choisie, on cherchera l'aire d'un triangle quelconque, par la décomposition en deux autres; puis, par des triangles semblables, on en transformera l'expression, de manière à retrouver la formule ordinaire, laquelle ne renferme plus de trace de l'orientation adoptée: cette orientation est donc indifférente, puisque toutes les figures peuvent se décomposer en triangles avec telle approximation que l'on veut. Non-seulement l'orientation est indifférente, mais il en résulte qu'elle n'a pas besoin de rester la même pendant que l'on place l'unité et ses sous-multiples sur la surface donnée (²).

(¹) Elle existe nécessairement, puisque l'on peut construire un assemblage de carrés-unités ou sous-multiples, qui débordent de toutes parts la figure donnée.

(²) On peut voir une exposition différente de la même idée dans un récent mémoire de M. Boussinesq *sur le déterminisme mécanique.*

Nous sous-entendons, comme trop simple, la démonstration du fait qu'avec une même orientation et une disposition différente des carrés, on ne saurait arriver à deux résultats différents.

Enfin nous devons faire observer, comme au n° 290, que l'emploi de figures et de propriétés qui dépendent des parallèles, dans la notion de l'aire, n'est pas indispensable, comme on le verra dans la trigonométrie; mais il convient de la conserver dans les éléments, à cause de sa simplicité.

412 à 422.

423. Nous voudrions voir introduire en géométrie élémentaire, conformément à l'avis de Duhamel, la recherche des aires et des volumes par la méthode des limites pure, c'est-à-dire par la décomposition en tranches, au moyen de parallèles très rapprochées pour les aires, de plans parallèles très rapprochés pour les volumes. Les méthodes indiquées, d'ailleurs satisfaisantes, ne seraient plus que des vérifications. La mesure des aires et des volumes terminés par des lignes droites et des plans n'exigerait jamais l'emploi des intégrations proprement dites, mais seulement la sommation des séries.

$$1 + 2 + 3 + \ldots, \qquad 1^2 + 2^2 + 3^2 + \ldots.$$

424 à 446.

447. L'observation qui termine ce paragraphe ne peut être considérée comme exacte que si l'on admet d'abord celle que nous avons faite précédemment sur le n° 411.

448 à 476.

477 (et suivants). Les auteurs disent que la méthode, due à Steiner, et adoptée avec raison dans leur ouvrage pour l'exposition de la théorie des maxima et des minima dans les figures planes, est applicable à la sphère. C'est parfaitement exact, mais il faut alors remplacer le n° 481 par la propriété qui y correspond sur la sphère. Or cette propriété n'est pas indiquée au livre VII et même le théorème de Lexell, sur lequel elle doit se baser, n'est donné que d'une manière incomplète au n° 852.

L'assertion des auteurs devient donc inintelligible pour le lecteur qui n'a pas étudié l'ouvrage même de Steiner. Nous aurions dû, en apparence, placer cette observation au livre VII, mais la remarque faite relativement à la sphère montrant que la théorie des maxima et des minima des figures est indépendante de l'axiome d'après lequel les droites sont infinies, nous irons plus loin et nous démontrerons qu'elle est indépendante des deux axiomes de simplification, c'est-à-dire applicable à tous les systèmes de géométrie.

Par une réciprocité toute naturelle, la méthode que nous exposerons constituera peut-être un perfectionnement, même dans la théorie ordinaire des figures sphériques. Nous n'en donnons ici que la partie immédiatement applicable au plan.

a. Le lieu géométrique des sommets des triangles équivalents qui ont même base, et qui sont construits d'un même côté de cette base, est une ligne équidistante de la droite qui joint les milieux des deux côtés partant du sommet, dans l'un quelconque de ces triangles.

Soit ABC (*fig.* 2) l'un des triangles donnés; soient B'C' la droite des milieux et AK la ligne équidistante de celle-ci, menée par le sommet A. Nous disons que AK est le lieu géométrique des sommets de tous les triangles équivalents à ABC et ayant pour base BC. Prolongeons B'C' de C'D = B'C'. Joignons CD et menons les perpendiculaires CE, AH, BF. Les triangles égaux de la figure donnent CE = AH = BF.

Si, maintenant, on prend un autre point A' de la ligne équidistante AK comme sommet d'un triangle ayant pour base BC, on voit aisément que les droites A'B et A'C ont leurs milieux sur FE, en vertu du cas d'égalité des triangles exposé au n° 42.

Les mêmes triangles dont on déduit l'égalité des trois perpendiculaires montrent aussi que le triangle ABC est équivalent au quadrilatère BCEF, et comme ce quadrilatère est entièrement déterminé, abstraction faite du point choisi sur AK, tous les triangles ayant la base BC et le sommet sur AK sont équivalents. Ces triangles montrent encore que B'C' est la moitié de EF.

Ainsi la ligne des milieux a la même longueur dans tous les triangles.

Réciproquement, le sommet S d'un triangle S B C, équivalent à A B C, doit se trouver sur la ligne équidistante A K, sans quoi on pourrait tracer une seconde ligne S K', aussi équidistante de F D et faisant partie du lieu des sommets des triangles équivalents. Il faudrait donc que les équidistances fussent différentes. Prolongeons la perpendiculaire B F. Elle devra rencontrer les deux lignes équidistantes, l'une en O, l'autre en O'. Joignant alors les deux points O et O' au point C, on aurait deux triangles O B C, O'B C, équivalents et cependant contenus l'un dans l'autre.

b. De tous les triangles que l'on peut faire avec deux côtés donnés, le plus grand est celui dans lequel la droite qui joint le milieu de l'un des côtés donnés au milieu du côté inconnu est perpendiculaire au premier de ces côtés. Soient A B, B C (*fig.* 3), les côtés donnés; A' et B' les milieux respectifs de A C et de B C. Nous disons que si l'angle en B' est droit, le triangle A B C est maximum. Soit en effet A B C' un autre triangle construit avec les mêmes côtés A B, B C'. Il ne saurait être équivalent au précédent, sans quoi, d'après le théorème que l'on vient de démontrer, le milieu de B C' devrait être le point d'intersection B', ce qui n'est pas, vu que B B' > B B' ou > $\frac{1}{2}$ B C, ou > $\frac{1}{2}$ B C'. Le triangle A B C' ne peut pas non plus être plus grand que A B C, sinon il y aurait un certain triangle A B C' équivalent à A B C, et la contradiction ne serait que plus manifeste. Donc, etc.

c. Le plus grand triangle que l'on puisse faire avec deux côtés donnés est celui dans lequel l'angle compris entre ces deux côtés vaut la somme des deux autres angles.

En effet puisque, dans le triangle maximum, l'angle A' (*fig.* 4) est droit, on a

$$AC' = C'B = C'C;$$

donc

$$A = BAC' + C'AC = B + C.$$

On voit déjà que toute cette théorie pourra se répéter au

livre VII pour la sphère, et par conséquent aussi le théorème du n° 483 ; cependant nous proposerons de remplacer ce dernier, comme suit, par une méthode applicable aussi sur la sphère (et dans toutes les géométries), mais encore plus simple et plus naturelle que la méthode de Steiner, et n'invoquant pas les propriétés de maxima relatives aux aires des figures rectilignes, lesquelles peuvent à la rigueur en être déduites. De même sur la sphère.

483. Entre toutes les figures planes isopérimètres, le cercle est un maximum.

Dans la ligne limitant l'aire maximum, inscrivons un quadrilatère quelconque ABCD. Chacun de ses côtés fait deux angles égaux avec la ligne-limite, sans quoi, en retournant le segment dont le côté choisi serait la base, on aurait une aire égale, donc encore maximum, limitée par une courbe de même longueur, mais non convexe, ce qui est impossible. De là résulte immédiatement que la somme de deux angles opposés du quadrilatère est égale à la somme des deux autres (1), c'est-à-dire que le quadrilatère est inscriptible. Ainsi le cercle qui passe par trois points déterminés A, B, C, de la courbe-limite contient aussi un autre point quelconque D choisi sur la courbe. Celle-ci est donc un cercle.

484 à 486.

La théorie de l'aire des triangles, donnée au livre VII pour les triangles sphériques, peut être reportée ici. Elle est entièrement applicable à la géométrie doublement abstraite du plan. En géométrie abstraite on peut raisonner de même, pourvu que l'on change le signe de l'excès angulaire et que l'on prenne pour unité le triangle dont la somme des angles vaut 1 droit.

---

(1) On peut évidemment faire abstraction des sommets et des points singuliers, si la ligne-limite en présente en nombre fini ; si elle en avait un nombre infini, la notion même de sa longueur deviendrait inintelligible, et le théorème n'aurait plus de sens.

LIVRE V.

LE PLAN.

La plupart des auteurs anciens entremêlaient au livre V les propositions relatives à la perpendicularité des droites et des plans avec celles qui sont relatives à leur parallélisme.

Depuis la deuxième édition de leur traité de géométrie, MM. Rouché et de Comberousse ont nettement séparé ces deux théories, en exposant tout ce qui se rapporte au parallélisme avant la perpendicularité.

Mais, au point de vue auquel nous nous plaçons dans ce mémoire, c'est évidemment le contraire qu'il faut faire. La théorie de la perpendicularité, basée sur un seul axiome, et applicable, en thèse générale, aux trois systèmes de géométrie, doit précéder celle du parallélisme, qui invoque, au contraire, les trois axiomes et n'existe que dans la géométrie usitée. De là résultent la plupart des changements que nous proposons ci-dessous.

§ 1er — *Premières notions sur le plan.*

487.

488. Seconde partie du n° 489. Pour éviter toute discussion sur le point de savoir si la droite MX rencontre réellement deux des trois droites AB, CE, CF, il suffit de joindre M à un point quelconque pris dans l'intérieur du triangle CEF.

489. — 492. C'est ici que l'on emploie la proposition d'après laquelle un plan, en tournant autour d'une des droites qui y sont situées, rencontre tous les points de l'espace. On ne pourrait l'éviter qu'en la remplaçant par une autre équivalente.

490. — 488. La raison donnée de ce fait qu'une droite rencontrant un plan doit le traverser, est insuffisante; mais, grâce à l'interversion que nous proposons, le fait peut être démontré comme suit :

Supposons que la droite qui rencontre un plan P en A soit tout entière d'un côté de ce plan. Par cette droite et un point B pris du côté opposé, on peut faire passer un autre plan Q. Celui-ci rencontre d'abord le plan P en A. Joignons deux points pris des deux côtés du plan P, l'un sur la droite donnée, l'autre sur la droite AB. La droite qui les joint coupe le plan P en un point C différent de A, donc la droite AC est l'intersection des plans P et Q, et ce dernier traverse le plan P suivant AC. Or (livre I, nᵒ 10), la droite donnée doit, dans le plan Q, traverser l'intersection AC; donc elle doit passer dans la seconde partie de ce plan, laquelle est au-dessous du plan P. Ainsi la droite donnée traverse le plan P.

Cette démonstration, de même que celle du numéro suivant (donnée par l'auteur), ne renferment pas de pétition de principe, bien que nous n'ayons pas établi encore pour le plan le théorème analogue au nᵒ 49′ du livre Iᵉʳ, parce que rien n'empêche de choisir les points sur lesquels porte la construction aussi près que l'on veut du plan P et que, pour de pareils points, la notion des deux côtés d'une surface est une notion claire, comprise dans l'idée même de surface.

491. Première partie du nᵒ 489. Ajoutez l'observation que deux plans qui se coupent se traversent, ce qui résulte immédiatement du numéro précédent.

492. — 490.

493. — 491.

494 et 495.

Dans la géométrie doublement abstraite, il faut écarter l'idée de parallélisme partout où elle apparaît au § 1ᵉʳ.

§ 2. — *Droite et plan perpendiculaires.*

496. On dit qu'une droite et un plan sont *perpendiculaires l'un à l'autre*, lorsque la droite est perpendiculaire à toutes les droites passant par son pied dans le plan.

497 à 499. — 514 à 516, en écartant l'idée de parallélisme

(les modifications qui en résultent sont trop évidentes pour devoir être indiquées ici).

500.— 518. La seconde partie n'exige évidemment pas l'emploi du parallélisme. Nous en reviendrions plutôt ici à l'idée appliquée par MM. Rouché et de Comberousse, dans la première édition de leur traité, en écartant l'idée de parallélisme, comme au n° 109 du chapitre Ier.

500^{AD}. La proposition est vraie dans les trois géométries; mais encore une fois, il se présente une exception dans la géométrie doublement abstraite.

Si le point A, extérieur au plan P, se trouvait à une distance $\frac{1}{2}$ D de ce plan, sur une perpendiculaire au plan, toutes les droites menées du point A au plan lui seraient perpendiculaires et seraient toutes égales à $\frac{1}{2}$ D. Cela résulte clairement du n° 116 (chap. I). Le point A serait alors le centre du plan P.

501. Énoncé du n° 521. Démonstration : En effet, tout plan mené par deux de ces perpendiculaires est perpendiculaire à la droite donnée (497) et tous ces plans doivent coïncider (499).

502. — 522. On en déduira, comme au n° 107 du chapitre Ier, que le plan divise l'espace en deux régions telles qu'une ligne continue ne peut passer de l'une dans l'autre sans percer le plan.

§ 3. — Angles dièdres.

503 et 504. — 541 et 542.

505. Énoncé du n° 546. Pour démontrer ce théorème, les auteurs emploient à tort, mais à l'exemple de presque tous leurs devanciers, l'idée du parallélisme, laquelle est absolument étrangère à cette question.

La démonstration de M. Baltzer (2e éd., p. 153) revient, si nous la comprenons bien, à observer simplement que si l'angle plan n'était pas partout le même, on pourrait aisément placer deux dièdres identiques ou égaux l'un sur l'autre, de manière que l'arête et

7

l'une des faces coïncident, tandis que l'autre face ne coïnciderait pas. Ce raisonnement ne nous paraît pas convaincant. Il reporte la difficulté sur la notion même de l'égalité des dièdres.

Deux dièdres ne pourraient-ils être, tantôt égaux, tantôt inégaux, selon la manière dont on essaie de les faire coïncider?

Au premier abord, le doute paraît plus grave encore et l'on est tenté de se demander si la même pétition de principe n'existe pas partout où l'idée d'égalité a été précédemment introduite.

Mais il n'en est pas ainsi, car ce doute ne pourra jamais se produire d'une manière sérieuse que dans la comparaison de grandeurs finies répondant à des figures indéfinies, et nous n'avons eu que deux occasions de nous en occuper : dans la mesure des angles plans et dans celle des dièdres. Mais pour les angles plans, la comparaison se ramène aisément à celle de figures finies par un simple arc de cercle décrit du sommet; ici, il n'en est pas de même, parce que la figure est doublement indéfinie; dans le sens de la section normale et dans le sens de l'arête. Le cas est donc tout spécial et nous pensons qu'il faut en revenir à la démonstration directe donnée dans nos *Études de mécanique abstraite*. La voici :

Soient un dièdre et deux sections normales à l'arête AB, donnant les angles CAD, EBF; soit I le milieu de AB. Menons en ce point la section normale GIH. Si l'on détache et que l'on retourne le système GIHEBF, on peut le faire coïncider avec GIHCAD, IH du premier coïncidant avec GI du second, GI du premier avec IH du second, B tombant en A; les faces des dièdres coïncideront donc et par suite les perpendiculaires BF avec AC et BE avec AD, ce qui prouve l'égalité des angles CAD, EBF.

Il en résulte 1° qu'un dièdre peut glisser sur lui-même dans le sens de l'arête; 2° qu'un dièdre peut coïncider avec lui-même par retournement d'un de ses angles plans.

506 à 508. — 543 à 545.

509 à 516. — 547 à 554, en écartant dans le dernier numéro l'idée du parallélisme.

§ 4. — *Plans perpendiculaires.*

517. — 557.

518 et 519. — 558 et 559. Écarter l'idée du parallélisme.

520 à 523. — 560 à 563.

§ 5. — *Combinaisons de droites et de plans perpendiculaires entre eux.*

524. — 517. Remplacez les derniers mots par ceux-ci : « dont nous avons montré l'impossibilité ».

524ᵖ. Nous placerons ici une observation qui se rapporte à la fois au n° 524 et au n° 499, où elle pourrait être reportée. Dans la géométrie doublement abstraite, il y a évidemment exception si le point A est le centre de la droite XY (n° 499). Alors tous les plans perpendiculaires à XY, en nombre infini, qui passent par le point A, se coupent suivant une seule et même droite AB, perpendiculaire en A au plan AXY. Les droites XY et AB sont réciproques, c'est-à-dire que XY est aussi l'intersection de tous les plans perpendiculaires à AB.

On peut dire encore que XY et AB sont, respectivement, les lieux des centres de AB et de XY dans les divers plans, en nombre infini, que l'on peut conduire par chacune de ces droites.

525. Énoncé du n° 519. Démonstration : En effet, si les droites A et B n'étaient pas dans un même plan, on pourrait faire passer un plan P' par la droite A et par le point C où la droite B coupe le plan P. Menant par le point C, dans le plan P', une perpendiculaire D à l'intersection des plans P et P', la droite D serait perpendiculaire au plan P (n° 517), ce qui a été démontré impossible au n° 500. Le reste est évident.

525ᵖ. Dans la géométrie doublement abstraite, toutes les perpendiculaires à un plan se rencontrent au centre du plan.

526. Énoncé du n° 520. Démonstration : Si la perpendiculaire

est menée par le point d'intersection de la droite et du plan, le théorème résulte du n° 501. Supprimez la seconde partie, qui sera reproduite plus loin, pour les cas où elle est exacte.

527 et 528. — 523 et 524.

527ᴰ. Dans la géométrie doublement abstraite, le n° 527 est sujet aux mêmes restrictions qu'en géométrie plane.

§ 6. — *Projection d'une droite sur un plan.* — *Angle d'une droite et d'un plan.* — *Plus courte distance de deux droites.*

529. — 526.

530. Énoncé du n° 527. Démonstration : Car toutes les perpendiculaires abaissées sur le plan P par les divers points de la droite AB sont situées (525) dans le plan de l'une d'elles et de la droite AB; donc, etc.

531. — 528.

531ᴰ. Dans la géométrie doublement abstraite, la projection se réduit à deux points opposés.

532. — 529.

533. Énoncé du n° 530. Démonstration : Car si les projections se rencontraient en O, les droites elles-mêmes se rencontreraient au point où la perpendiculaire en O au plan de projection rencontre le plan des deux parallèles données.

532ᴰ et 533ᴰ. Ces deux numéros n'existent pas dans la géométrie doublement abstraite.

534. Théorème des trois perpendiculaires. — Démonstration directe, trop simple pour être détaillée.

535. Lorsqu'une droite est perpendiculaire à un plan Q, sa projection sur un plan quelconque P est perpendiculaire à la trace du plan Q sur le plan P. Idem.

536 à 538. — 534 à 536.

539. Énoncé du n° 538. La propriété en question est indépendante des axiomes de simplification et ne doit pas se démontrer
par les parallèles. L'existence d'une ligne minimum est une chose
évidente. Il est évident aussi qu'elle est perpendiculaire aux deux
droites.

Elle est unique, parce qu'une demi-révolution du système des
deux droites données autour d'une perpendiculaire commune,
ramène chacune des droites en coïncidence avec elle-même. Si
donc il y avait quelque part une seconde perpendiculaire commune, il y en aurait une troisième symétriquement placée par
rapport à la première, etc., et l'on irait à l'infini, ce qui est
absurde. Quant à la construction de la perpendiculaire commune,
il est certain qu'elle est facilitée par l'emploi des parallèles, comme
toutes les applications; nous y reviendrons plus tard.

540 et 541. — 555 et 556.

§ 7. — *Angles polyèdres.*

542 à 544. — 564 à 566.

544°. Dans la géométrie doublement abstraite, tout angle
polyèdre a aussi pour symétrique celui qui est formé par les
mêmes arêtes au point opposé de l'espace.

545 à 547. Propriétés analogues à celles des n° 28 à 41 du
livre Iᵉʳ et pouvant se démontrer de même, sauf à avoir égard à
la notion de symétrie. Les quelques modifications ou restrictions
à y faire seront indiquées au livre VII.

548. Énoncé du n° 570. C'est à tort que la démonstration
s'appuie sur la somme des angles d'un polygone, laquelle dépend
des parallèles. En prolongeant jusqu'à leur intersection les deux
faces adjacentes à une face quelconque de l'angle solide convexe,
on forme un nouvel angle solide convexe, dans lequel la somme
des angles plans est plus grande que dans l'angle solide donné,

mais qui a une face de moins. D'après cela, il suffit de démontrer la propriété pour un trièdre.

Prolongeons l'une des arêtes du trièdre et observons que l'angle formé par les deux arêtes restantes est moindre que la somme des deux autres angles plans, dans le nouveau trièdre formé. Or, ces deux angles plans sont les suppléments de ceux du trièdre primitif. Le théorème est donc démontré.

549 à 554. — 571 à 576.

555. — 557. Supprimez les cas déjà connus.

556 et 557. — 578 et 579.

§ 8. — *Droites et plans parallèles.*

(Dans la géométrie usitée seulement.)

557'. — 493.

558 à 568. — 496 à 506.

569. — 507. Nous n'avons pas cru devoir déplacer cette défi-nition, dont l'usage est rarement indispensable. Mais l'angle de deux droites dans l'espace pourrait se définir, si c'était nécessaire, d'une manière plus générale et indépendante du parallélisme. C'est l'angle de deux plans contenant respectivement les deux droites données et se coupant suivant la perpendiculaire commune à ces deux droites.

570 à 573. — 508 à 511.

574. Deux droites parallèles ont leurs plans perpendiculaires communs et deux plans parallèles ont leurs perpendiculaires com-munes.

Une droite et un plan, perpendiculaires à une même droite ou à un même plan, sont parallèles.

574ᴬ. Le dernier alinéa est applicable à la géométrie abstraite.

575. — 525.

576 et 577. — 531 et 532.

578. Deux angles dièdres qui ont leurs faces parallèles deux à deux sont égaux ou supplémentaires. De même l'angle d'une droite et d'un plan est égal à l'angle d'une autre droite et d'un autre plan respectivement parallèles aux premiers.

579. Problème. Construction de la plus courte distance de deux droites.

580 à 588.

LIVRE VI.

LES POLYÈDRES.

589 à 733.

La plupart des propositions de ce livre supposent les trois axiomes. Il n'y a guère d'exceptions que pour le § 5, relatif à la symétrie, et pour l'Appendice (propriétés générales des polyèdres) jusqu'au n° 703 inclusivement, sauf les n°ˢ 696 et 702. Les démonstrations données ne sont pas toujours indépendantes des axiomes de simplification et demanderaient, sous ce rapport, quelques modifications, trop évidentes pour que nous ayons besoin d'insister. La mesure des volumes donne lieu à des remarques déjà présentées à propos des aires (n°ˢ 411 et 423). La dernière a même plus d'importance ici, car il ne s'agit plus de simples décompositions, et la méthode par laquelle on prouve l'équivalence de deux pyramides triangulaires de même base et de même hauteur, d'ailleurs mieux présentée que dans la plupart des autres traités, semble du même ordre de complication que la recherche directe du volume de la pyramide par la méthode des limites.

LIVRE VII.

LES CORPS RONDS.

Au n° 801, les auteurs font la remarque suivante : « C'est même cette marche (l'emploi des trièdres pour arriver aux propriétés des triangles sphériques) que l'on suit pour établir les premières propriétés des figures sphériques. Mais plus tard, et pour des propriétés moins simples, il est ordinairement préférable de faire l'inverse, c'est-à-dire d'établir directement les propriétés des figures sphériques pour en déduire les propriétés des angles solides correspondants. On raisonne en effet sur une surface, et en particulier sur la sphère, presque aussi aisément que sur un plan, tandis qu'il faut un certain effort pour se représenter une figure de l'espace un peu compliquée. »

Ces réflexions nous paraissent judicieuses, mais nous proposerions de faire une application plus large de la seconde méthode et, en outre, d'indiquer nettement les cas auxquels nous limiterions l'application de la première.

Grâce à la manière dont la géométrie du plan a été établie, presque toute la géométrie de la surface sphérique se trouve déjà faite dans la partie des quatre premiers livres où nous avons évité l'emploi des parallèles, et il ne nous reste qu'à indiquer des modifications de détail dans quelques énoncés et démonstrations, résultant de ce que l'arc de grand cercle n'est pas infini comme la droite. D'un autre côté, nous admettrions l'emploi de trièdres pour la démonstration des propriétés des figures sphériques, là où nous admettons l'emploi de l'axiome des parallèles pour la démonstration des propriétés correspondantes des figures planes.

Nous n'en citerons qu'un exemple : les trois médianes d'un triangle sphérique se coupent au même point. Nous admettons l'emploi de l'axiome des parallèles pour démontrer le fait dans les triangles rectilignes, bien qu'à la rigueur on puisse se passer de cet axiome, vu que la propriété signalée est vraie dans tous les systèmes de géométrie. La même idée de simplification nous conduit à admettre aussi, bien que ce ne soit pas indispensable, que l'on passe des triangles rectilignes aux trièdres, puis de ceux-ci aux triangles sphériques pour la démonstration de la propriété correspondante. Eu égard aux observations qui précèdent, la division du livre deviendrait la suivante :

§ 1ᵉʳ. — *Premières notions sur la sphère.*

734 à 746. — 770 à 782.

747 et 748. — 789 et 790.

749. — 792. Démonstration directe évidente.

750. — 794.

751. — 797. Démonstration directe évidente. — Arcs de grand cercle que l'on peut mener, par un point donné, perpendiculairement à un grand cercle donné.

752 à 754. — 798 à 800.

755. — 802.

§ 2. — *Propriétés des figures sphériques, analogues aux propriétés des figures planes.*

Voyez, dans la géométrie plane, les nᵒˢ 8 à 54, 72, 90 à 123, 143, 478 à 486, avec les modifications ou observations suivantes :

8. Sur la sphère, il ne peut être question de retournement, mais l'angle BAC est égal à l'angle CAB, en vertu du nᵒ 750. Tout angle est donc égal à son symétrique.

9. L'angle de deux arcs de grands cercles n'est que l'angle de leurs tangentes, mais tout ce que l'on dit des angles égaux sur le plan peut se répéter sur la sphère, pourvu que l'on ait égard à l'idée de symétrie.

24. Voyez le nᵒ 751.

Nᵒˢ 28 et suivants. Chaque fois qu'on retourne la figure dans la géométrie du plan, il faut, dans la géométrie de la sphère, considérer la figure symétrique.

32. Dans tous les cas d'égalité des triangles sphériques, il faut introduire la notion de symétrie.

34. Pour que la propriété reste vraie, il faut et il suffit que l'arc de grand cercle mené, du milieu du côté joignant les sommets des deux angles comparés, au troisième sommet, soit inférieur à un quadrant.

34'. La restriction du numéro précédent disparaît, parce que la condition imposée se vérifie toujours, soit dans le triangle donné, soit dans celui qu'on obtient en remplaçant le troisième sommet par son opposé sur la sphère.

42 à 45. Modifier conformément aux n°s 817 et 818 de l'auteur. Ajouter les observations relatives aux angles formés par les arcs obliques avec le grand cercle donné. Ces angles diminuent jusqu'à ce que le pied de l'oblique se soit écarté d'un quadrant par rapport au pied de la perpendiculaire, puis ils augmentent. Cela résulte de la restriction apportée au n° 34.

Le cas d'égalité des triangles ajouté au n° 42, en géométrie plane, n'existe donc pas ici.

Le n° 72 doit être énoncé comme suit. La somme des angles d'un triangle sphérique ABC est supérieure à deux angles droits, mais la démonstration se fait comme en géométrie plane, en vertu d'un théorème analogue à celui du n° 69ᵇ du livre Iᵉʳ et dont la démonstration est évidente.

90 à 123. Remplacer le mot *cercle* par *petit cercle, centre* par *pôle,* et prendre toujours pour pôle celui qui correspond à un rayon sphérique inférieur à un quadrant.

110. Supprimez.

121. Observation sur le sens des mots *extérieurs* et *intérieurs.*

122 et 123. Observation faite au n° 821 de l'auteur.

143. Voyez la démonstration au n° 822 actuel de l'auteur.

478 à 486. On fera précéder cette théorie de la recherche des aires des figures sphériques, pour laquelle nous allons exposer une méthode nouvelle. Celle-ci pourra sembler un peu plus

compliquée que la méthode usitée (¹), mais elle est plus générale, c'est-à-dire applicable non seulement à la géométrie de la sphère et à la géométrie doublement abstraite, mais aussi à la géométrie abstraite (droite indéfinie, faisceau de parallèles).

a. Deux triangles sphériques qui ont même somme d'angles ne sauraient être renfermés l'un dans l'autre. En effet, l'espace compris entre les deux triangles pourrait alors être partagé en six triangles dont la somme totale des angles serait exactement douze angles droits, ce qui est impossible, en vertu du n° 72, appliqué à la sphère.

b. Lorsque l'aire d'un triangle sphérique converge d'une manière quelconque vers zéro, la somme des angles converge vers 2^d.

c. Deux triangles sphériques qui ont même excès angulaire (²) sont équivalents en surface, et réciproquement.

1° Supposons que les deux triangles en question aient un angle égal. En superposant les angles égaux, les côtés opposés BC et B'C' (*fig.* 6) devront se couper.

Ce fait est évident si les triangles sont donnés équivalents, et il résulte du § *a* si les excès angulaires sont donnés égaux. Nous continuerons à mener de front les deux propositions réciproques.

La différence des aires et la différence des excès angulaires, dans les deux triangles donnés, sont respectivement les mêmes que dans les deux triangles A'BB', A'CC'; l'une de ces deux différences étant donnée nulle, on peut, pour découvrir l'autre, opérer sur les deux triangles A'BB', A'CC', qui ont encore un angle égal, comme sur les triangles primitifs. Or, en continuant indéfiniment cette construction, les triangles analogues à A'BB', A'CC' décroissent indéfiniment, parce que, à chaque construction nouvelle, chacun des *six* côtés nouveaux est moindre que l'un des six précédents et de plus un côté au moins, *dans chaque triangle,*

(¹) Ce n'est pas bien certain cependant, si l'on observe qu'elle dispense de démontrer ce théorème préliminaire que deux triangles sphériques symétriques sont équivalents en surface.

(²) Ou même somme d'angles. L'excès angulaire est l'excès de la somme des angles du triangle sur deux angles droits.

est moindre que *la moitié* de l'un des six précédents. Donc à la limite la différence des aires et celles des excès angulaires s'annulent toutes deux. Elles étaient donc nulles toutes deux dans les triangles donnés.

2° Supposons maintenant que les deux triangles donnés aient un côté égal.

En superposant les côtés égaux, les triangles, ne pouvant se placer l'un dans l'autre, se recroiseront, comme la figure 7 l'indique. La différence des aires et celle des excès angulaires seront visiblement les mêmes pour les triangles donnés et pour les triangles A'AC, A'BC'; mais ces derniers ont un angle égal, donc on en reviendra au premier cas.

3° Supposons maintenant les triangles quelconques. Soit AB < A'B'; Portons AB' = A'B' (*fig.* 8). Menons par le point B' un arc de grand cercle B'K tel que le triangle AB'K ait, soit même aire, soit même excès angulaire que ABC, suivant que celui-ci a même aire ou même excès angulaire que A'B'C', d'après les données de la question. Cette construction sera toujours possible, parce que, joignant B' à un point K' très voisin de A, le triangle B'AK' aura à la fois une aire plus petite et un excès angulaire plus petit que ABC, tandis que si l'on joint B" au point C, le triangle B'AC a, au contraire, une aire plus grande et un excès angulaire plus grand que ABC.

Maintenant les deux triangles ABC et B'AK ont, soit même aire, soit même excès angulaire; donc ils jouissent de ces deux propriétés à la fois, puisqu'ils ont un angle égal. Les deux triangles AB'K et A'B'C' ont aussi, soit même aire, soit même excès angulaire, donc les deux propriétés à la fois, puisqu'ils ont un côté égal. Donc enfin les deux triangles donnés ABC et A'B'C' ont à la fois même aire et même excès angulaire.

d. Si l'aire d'un triangle T vaut la somme des aires de deux autres triangles T', T", l'excès angulaire de T vaut aussi la somme des excès angulaires de T' et de T", et réciproquement.

Soit ABC (*fig.* 9) le triangle représenté par T. Par le point A, menons AD telle que le triangle ABD ait même aire que T', ou même excès angulaire que lui, selon qu'il s'agit de la proposition directe ou de sa réciproque. Le triangle ADC aura alors soit même aire, soit même excès angulaire que T″; donc, en vertu de ce qui précède, ABD et T″, puis ADC et T″ jouiront à la fois des deux propriétés d'avoir même aire et même excès angulaire, ce qui démontre le théorème.

e. Il y a donc, en ce qui concerne les aires et les excès angulaires des triangles, correspondance dans l'égalité et dans la somme, donc *proportionnalité*; ainsi, dans la géométrie de la sphère, les aires des triangles sont proportionnelles à leurs excès angulaires. Si l'on prend, pour unité des aires, le triangle dont l'excès angulaire est 1^D, c'est-à-dire le triangle tri-rectangle, on pourra dire que l'aire d'un triangle quelconque a pour mesure son excès angulaire.

f. Deux triangles sphériques symétriques sont équivalents en surface.

g. Theorème du n° 850 de l'auteur.

On pourra reprendre maintenant ce que nous avons dit aux § 477 et suivants de la géométrie plane, et même les raisonnements qui y sont faits sont indépendants de l'aire du triangle. On y voit que le lieu des sommets des triangles équivalents qui ont même base, est un arc de petit cercle équidistant du grand cercle qui passe par tous les milieux des côtés de ces triangles (ou par les milieux des deux côtés d'un seul triangle donné), donc ayant même pôle que ce grand cercle. C'est, sous une autre forme, le théorème de Lexell. L'arc de petit cercle passe évidemment par les points diamétralement opposés aux extrémités de la base, puisque l'on peut, sur cette base, former deux fuseaux (triangles ayant un angle de 180°) équivalents au triangle donné.

§ 3. — *Propriétés des figures sphériques, analogues aux propriétés des angles polyèdres correspondants.*

756. — 801. Le dernier alinéa est devenu inutile.

757 à 762. — 807 à 812.

763. — 813. Quelques-unes des conclusions sont déjà connues par le § 2.

764. Deux triangles sphériques tracés sur la même sphère sont égaux dans toutes leurs parties, lorsqu'ils ont les angles égaux chacun à chacun. Par les trièdres ou par les triangles polaires.

765. — 815.

766. — 851.

§ 4. — Autres propriétés de la sphère.

767 à 770. — 785 à 788.

771. — 791.

772. — 793.

773 et 774. — 795 et 796.

775. — 816. Voyez l'observation faite sur le n° 290.

776. — 819.

777. — 849.

Problèmes sur la sphère.

778 et 779. — 783 et 784. Le mode de solution employé au n° 783 de l'auteur n'est pas rationnel, en ce qu'il ne donne aucune idée des moyens à employer dans d'autres problèmes analogues. La solution donnée dans la géométrie de M. Catalan est préférable ; elle est d'ailleurs indépendante de la question des parallèles. Voir, au sujet d'une méthode générale pour la résolution des problèmes relatifs à la géométrie de l'espace, avec la règle et le compas, un mémoire inséré dans la *Nouvelle Correspondance mathématique*, tome IV, p. 272.

780 à 788. — 823 à 831.

§ 5. — Cylindre de révolution ([1]).

789 à 803. — 734 à 748.

([1]) **A partir d'ici, et sauf ce qui se rapporte aux maxima et aux polyèdres réguliers, les raisonnements sont en général spéciaux à la géométrie usitée, hormis quelques propriétés de détail faciles à distinguer.**

804. Le problème résolu au n° 778 donne le moyen d'exécuter réellement, au compas, des constructions sur la surface d'une sphère pleine, ainsi que nous l'avons fait dans les n° 780 à 788. Les constructions avec la règle et le compas sur la surface indéfinie d'un cylindre droit sont plus compliquées. On peut toutefois déterminer le rayon du cylindre, construire une génératrice, etc., par les procédés indiqués dans la *Nouvelle Correspondance mathématique*, tome IV. Une fois ces éléments connus, les autres problèmes que l'on peut poser n'offrent plus de difficulté.

§ 6. — *Cône de révolution.*

805 à 825. — 749 à 769.

826. Les problèmes analogues à ceux dont il est question au n° 804 n'offrent ici aucune difficulté, à cause de la connaissance du sommet. Si la surface conique ne pouvait être prolongée jusqu'au sommet, voir le mémoire déjà cité deux fois (n° 778 et 804).

§ 7. — *Aire de la sphère.*

827 à 838. — 832 à 843.
839 et 840. — 845 et 846.
841. — 848.

§ 8. — *Volume de la sphère.*

842 à 857. — 853 à 868.

§ 9. — *Généralités sur les surfaces.*

858 à 880. — 869 à 891.

§ 10. — *Appendice.*

881 à 889. — 892 à 900.

890. — 901 à 903. Au n° 903, les auteurs admettent implicitement deux faits non démontrés : 1° l'existence d'une limite

déterminée représentant l'aire d'une surface *quelconque*; 2° la propriété que toute surface comprenant un volume maximum sous une aire donnée doit être convexe.

La première proposition sera démontrée comme aux n⁰ˢ 386 et 387 de l'ouvrage déjà cité de Duhamel. Elle pourrait d'ailleurs être placée au commencement du livre, car elle a déjà été admise implicitement, par exemple dans l'aire du triangle sphérique. Elle permettrait alors de supprimer les définitions particulières de l'aire du cylindre, etc.

Il est fort possible que la démonstration complète de la seconde propriété soit du domaine de l'analyse. Mais une fois cette propriété admise (et elle l'est dans tous les ouvrages où l'on traite la question du volume maximum sous une aire donnée), les n⁰ˢ 901 à 903 peuvent, nous semble-t-il, être remplacés avantageusement par les considérations suivantes, plus simples et indépendantes des axiomes secondaires.

a. Tout plan qui partage le volume maximum en deux parties équivalentes partage aussi la surface en deux parties équivalentes (comme l'auteur).

b. Ce même plan est normal à la surface en tous les points de la section, sans quoi, en remplaçant l'une des deux parties par une surface symétrique à l'autre, l'aire et le volume resteraient les mêmes, mais la surface cesserait d'être convexe.

c. Tout plan normal partage l'aire et la surface en deux parties équivalentes (par l'absurde) et est, par conséquent, normal en tous les points de la section qu'il détermine (*b*). La surface ne comprend aucune partie plane, ni aucun point où le plan tangent change brusquement.

d. Soit AMB (*fig.* 10) la section du corps maximum par un plan quelconque. Soit ON la normale commune au plan (en O) et à la surface (en N).

Tous les plans passant par ON sont normaux et le sont en tous leurs points. Donc pour construire la normale à la courbe AB au point quelconque A, il faut chercher l'intersection du plan AMB avec le plan normal AON. Cette intersection est AO. Donc toutes les normales à la section AMB concourent au point O; donc cette section *quelconque* est un cercle (291) et par suite le corps maximum est une sphère.

891. — 904.

892 à 904. — 905 à 917. Observation sur le contenu de ces numéros: Toute la théorie des polyèdres réguliers est évidemment indépendante des axiomes de simplification, sauf en ce qui concerne la mesure des angles plans et le calcul des rayons des sphères inscrite et circonscrite.

Il suffit, pour s'en assurer, d'observer que la construction d'un polyèdre régulier revient toujours à la division de la surface de la sphère en polygones réguliers égaux d'espèces données. Il vaudrait donc mieux, peut-être, raisonner directement sur la sphère, ce qui ne présente aucune difficulté. La démonstration du n° 892 devrait être complétée par cette remarque presque évidente que deux angles solides *réguliers* qui ont leurs faces égales et en même nombre peuvent coïncider.

905. — 918. L'espèce d'un polyèdre régulier non convexe peut être déterminée de deux manières, suivant que l'on compte, ou non, pour deux, les points qui tombent dans les noyaux centraux des pentagones étoilés. C'est la seule cause (et il ne serait pas inutile de le dire) de la divergence que l'on remarque, pour les deux polyèdres à faces pentagonales étoilées, entre l'espèce que leur assignait Poinsot et celle que MM. Rouché et de Comberousse leur attribuent. Cette dernière satisfait seule à la formule d'Euler généralisée.

906 à 909. — 919 à 922.

910. — 923. La démonstration de la formule d'Euler généralisée suppose que la projection du polyèdre sur la sphère circonscrite recouvre celle-ci un nombre exact de fois; en d'autres termes, que toutes les droites passant par le centre du polyèdre rencontrent la surface de celui-ci en un même nombre de points, et cela en redoublant les noyaux, ou en comptant pour deux les points

8

d'intersection qui tombent dans les noyaux. En effet, ce ne sont pas les polygones sphériques correspondants aux faces qui doivent recouvrir un nombre exact de fois la surface de la sphère, mais bien les triangles isocèles dans lesquels ces polygones se décomposent, puisque l'on a pris comme aire du polygone la somme de ces triangles, malgré le recouvrement.

Il se trouve d'ailleurs que la propriété est toujours vraie, que l'on compte ou non pour deux les points d'intersection tombant dans les noyaux, parce que le nombre x des points d'intersection simples et le nombre y des points doubles (dans les noyaux) sont séparément constants pour toutes les droites issues du centre. Cette propriété étant admise, la démonstration de la formule d'Euler devient rigoureuse, et cette formule

$$S_5 + F_7 = A + 2E$$

(qui se réduit à $S + F = A + 2$ pour les polyèdres convexes) montre que E n'a d'autres valeurs possibles que 3 et 7, si le polyèdre n'est pas convexe.

Ces valeurs correspondent, d'après la formule d'Euler, au cas où l'on double le nombre des points d'intersection situés dans les noyaux. Elles ne correspondent au nombre réel des enveloppes que si les faces sont convexes.

Ainsi le dodécaèdre non convexe à faces convexes comprend trois enveloppes et l'icosaèdre non convexe en comprend sept.

Pour le cas où il y a des faces étoilées, le nombre $x + y$ des enveloppes percées est donné par $x + 2y = 3$, d'où $x = 1$, $y = 1$, $x + y = 2$ enveloppes, dans le dodécaèdre non convexe à faces étoilées et à angles solides pentaèdres.

$x + 2y = 7$, d'où $x = 1$, $y = 3$, $x + y = 4$ enveloppes, dans le dodécaèdre non convexe à faces étoilées et à angles solides trièdres.

Il suffit donc de prouver que tout polyèdre régulier se compose d'un nombre exact d'enveloppes ou d'enceintes fermées successives et distinctes (ce qui évidemment n'est pas vrai pour un polyèdre quelconque), et qu'il en est encore ainsi, soit pour les parties doublées, soit pour les parties non doublées.

Or, si l'on se place par la pensée au centre du polyèdre, on verra de là une première enceinte que toute droite devra traverser pour sortir du polyèdre. Cette enceinte doit comprendre une même partie de chaque face, parce que toutes les faces jouent le même rôle dans le polyèdre régulier. On peut en dire autant de l'enveloppe extérieure; de plus, cette enveloppe extérieure ne comprend qu'une espèce de faces (¹), toutes ses faces devant aboutir à un sommet réel du polyèdre; de là résulte que si l'on détruit l'enceinte intérieure, il arrivera de deux choses l'une: ou bien que l'enveloppe extérieure ne sera entamée nulle part, ou bien qu'elle sera complètement détruite. Ce dernier cas répond à celui d'une enceinte unique (polyèdre convexe).

Si, en détruisant la première enceinte intérieure, l'enveloppe extérieure n'est pas entamée, on se trouvera nécessairement en présence d'une seconde enceinte que toute droite devra franchir aussi pour sortir du polyèdre et sur laquelle on pourra faire les mêmes raisonnements que sur la première.

En effet, comme, par la destruction de la première enceinte, on a supprimé une même partie de chaque face, les différentes faces continuent à jouer le même rôle dans le polyèdre diminué.

Ainsi chacune de ses faces fera partie de la seconde enceinte et chacune comprendra, dans cette enceinte, un même polygone ou une même série de polygones. On pourra maintenant supposer la destruction de cette seconde enceinte, et ainsi de suite. Donc enfin, le polyèdre total se composera d'un nombre exact d'enceintes successives et distinctes et, par suite, toutes les droites partant du centre rencontreront les faces en un même nombre de points.

Dans ce raisonnement, chaque rencontre avec une enveloppe est comptée pour un seul point d'intersection avec une face, mais

---

(¹) Cela est évident aussi pour la première enceinte intérieure, mais non pour les enceintes intérieures que l'on obtiendra après la destruction de la première.

on arrive au même résultat si l'on compte pour deux les points d'intersection qui tombent dans les noyaux, ou parties doublées des pentagones étoilés. Cela provient de ce que chaque enceinte continue est nécessairement formée, ou bien de parties doublées des faces, ou bien de parties non doublées. En effet, toutes les faces étant assemblées deux à deux de manière à former un polyèdre fermé, les noyaux s'assemblent deux à deux en même temps et forment aussi un polyèdre fermé. Ce polyèdre est d'ailleurs régulier, parce que, à chaque mode de coïncidence du premier polyèdre avec lui-même, correspond un mode de coïncidence du second polyèdre avec lui-même. Les noyaux, constituant à eux seuls un polyèdre régulier, doivent, d'après ce qui précède, constituer à eux seuls un nombre exact d'enceintes fermées. Donc enfin le polyèdre primitif comprenait un nombre exact d'enceintes fermées composées de noyaux ou de parties doublées, et un nombre exact d'autres enceintes, formées de parties non doublées.

Ce raisonnement, en même temps qu'il justifie la formule d'Euler, justifie aussi l'équation $x + 2y = 3$ ou 7, et montre pourquoi on en rejette les solutions nulles, lorsque les faces sont étoilées.

911 à 916. — 924 à 929.

Après les polyèdres réguliers, il conviendrait, pensons-nous, d'introduire dans la géométrie élémentaire la notion des polyèdres semi-réguliers, d'après la géométrie de M. Catalan. De même que le théorème relatif au nombre des polyèdres réguliers convexes a été généralisé dans ce qui précède, on peut aussi généraliser celui qui se rapporte aux polyèdres semi-réguliers convexes, d'après M. Cesaro. [Voyez la *Nouvelle Correspondance mathématique*, t. IV, p. 290 et 292 ([1]).]

917 à 958. — 930 à 971.

([1]) A la page 292, au lieu de *rayons vecteurs*, il faut lire *les polaires*.

CHAPITRE III

Trigonométrie usitée [1].

1. Les deux directions d'une droite : AB, BA.

2. Angle d'une direction avec une autre. Celle qu'on nomme en second lieu est considérée comme axe de comparaison. Les angles formés avec elle sont toujours comptés autour du premier des deux points qui servent à nommer l'axe et dans le sens de la marche des aiguilles d'une montre, ou du mouvement apparent du soleil, pour nos latitudes. Pour que cette convention détermine complètement la position relative des deux côtés de l'angle, il faut encore que l'on sache sur quel côté du plan la construction doit être faite.

Ainsi, en portant, à partir de l'axe de comparaison, et dans le sens indiqué, l'angle A dont il s'agit, on doit retrouver le second côté; mais on le retrouve aussi en portant $A \pm 4 K^D$, pourvu que l'on convienne de porter les angles négatifs dans le sens inverse du sens ordinaire.

Très souvent, la valeur la plus rationnelle à adopter pour l'angle est déterminée par des raisons de continuité. Lorsque ces raisons n'existent pas, on choisit la valeur unique, comprise entre zéro et quatre angles droits. L'angle se nomme en plaçant au milieu la lettre du sommet et à la fin celle qui correspond à la

[1] Ce chapitre ne contient rien de neuf. On s'est efforcé, dans la recherche des formules générales, d'employer le moins possible les raisonnements géométriques, et dans l'application aux triangles, de rendre les raisonnements communs au plan et à la sphère. On a, en général, déduit les formules des triangles rectilignes de celles des triangles sphériques, en laissant toutefois la trace du raisonnement direct, pour celui qui n'étudierait que la trigonométrie rectiligne.

ligne de comparaison. Ainsi AOX est l'angle de OA avec OX. Lorsque l'on veut nommer l'angle de AO avec OX, on a l'habitude de placer la lettre A' sur le prolongement de AO et l'angle en question est nommé A'OX.

3. Les angles peuvent se mesurer de plusieurs manières, comme on l'a vu en géométrie. Nous adopterons celle qui est usitée dans les formules d'analyse. Ainsi nous n'écrirons plus 1ᵖ, ni 90°, mais bien $\frac{\pi}{2}$, pour désigner l'angle droit ou l'arc qui lui sert de mesure. Le passage d'une notation à l'autre est d'ailleurs facile et déjà connu.

4. Projection d'une direction sur une autre. La projection d'une droite limitée AB sur une direction MN est la distance A'B' entre les pieds A' et B' des perpendiculaires respectivement abaissées de A et de B sur la direction MN, distance comptée positivement si A'B' est dans la direction MN, négativement dans le cas contraire.

5. Cosinus d'un angle. Le rapport de la projection A'B' de AB sur MN, à la longueur AB, s'appelle le *cosinus* de l'angle de AB avec MN. En vertu de cette définition et des propriétés des triangles semblables, le cosinus de l'angle de deux directions est unique. Signes et valeurs remarquables des cosinus d'après les valeurs des angles: trop simple pour être détaillé ici.

$$\cos(-A) = \cos A,$$
$$\cos\left(\frac{\pi}{2} + A\right) = -\cos\left(\frac{\pi}{2} - A\right).$$

6. Dans tout triangle rectiligne rectangle, un côté de l'angle droit est égal au produit de l'hypoténuse par le cosinus de l'angle aigu adjacent au côté que l'on évalue. Evident d'après la définition 5.

7. Sinus. On appelle *sinus* d'un angle le cosinus de son complément. Signes et valeurs remarquables des sinus, d'après les valeurs des angles. Dans tout triangle rectangle, chaque côté de

l'angle droit est égal au produit de l'hypoténuse par le sinus de l'angle opposé au côté que l'on évalue.

8. $\sin(-A) = \cos\left(\dfrac{\pi}{2} + A\right) = -\cos\left(\dfrac{\pi}{2} - A\right) = -\sin A.$

9. On peut ajouter à un angle un multiple quelconque de 2π sans changer son cosinus ni son sinus. La première partie résulte de ce qui a été dit aux § 2, 4 et 5. La seconde résulte des égalités suivantes:

$$\sin(A + 2K\pi) = \cos\left(\frac{\pi}{2} - A - 2K\pi\right) = \cos\left(\frac{\pi}{2} - A\right) = \sin A.$$

10. Relations entre le cosinus et le sinus d'un angle, et le sinus et le cosinus de l'angle supplémentaire.

$$\cos(\pi - A) = \cos\left(\frac{\pi}{2} + \frac{\pi}{2} - A\right) = -\cos\left[\frac{\pi}{2} - \left(\frac{\pi}{2} - A\right)\right] = -\cos A.$$

$$\sin(\pi - A) = \sin\left(\frac{\pi}{2} + \frac{\pi}{2} - A\right) = \cos\left(-\frac{\pi}{2} + A\right) = \cos\left(\frac{\pi}{2} - A\right) = \sin A.$$

11. La projection d'un contour polygonal quelconque sur un axe de comparaison donné ne dépend que des deux extrémités de ce contour et de l'ordre dans lequel on les considère. La projection d'un contour fermé est nulle.

12. Corollaire.

$$\cos(a + b) = \cos a \cos b - \sin a \sin b.$$

On le voit en projetant sur l'axe de comparaison le contour fermé d'un triangle rectangle, dont l'hypoténuse, égale à l'unité de longueur, fait avec l'axe l'angle $a + b$, et dont un côté de l'angle droit fait avec ce même axe; soit l'angle a, soit l'angle b.

13. $\cos(a - b) = \cos a \cos b + \sin a \sin b,$
         $\sin(a + b) = \sin a \cos b + \sin b \cos a,$
         $\sin(a - b) = \sin a \cos b - \sin b \cos a.$

Ces trois formules se déduisent analytiquement de celle du n° 12 par les relations démontrées aux numéros précédents.

14. Définitions des tangentes, sécantes, cotangentes et cosécantes, par leurs valeurs en sinus et cosinus. Signes et valeurs remarquables des tangentes, sécantes, cotangentes et cosécantes, d'après les valeurs des angles. Relations entre ces quantités et les quantités correspondantes pour l'angle négatif, pour l'angle complémentaire, pour l'angle supplémentaire.

Dans tout triangle rectiligne rectangle, un côté de l'angle droit est égal à l'autre, multiplié par la tangente de l'angle opposé au premier ou la cotangente de l'angle opposé au second.

15. Fonctions trigonométriques.

Les quantités sin, cos, tg, cot, sec, cosec, se rapportant aux angles, devraient s'appeler fonctions goniométriques. On les appelle d'ordinaire *fonctions trigonométriques*, à cause de leur emploi dans la résolution des triangles.

16. $\cos^2 a + \sin^2 a = \cos(a-a) = \cos 0 = 1,$

$\cot a \, \text{tg} \, a = 1, \quad \sec^2 a = 1 + \text{tg}^2 a, \quad \text{cosec}^2 a = 1 + \cot^2 a,$

$\text{tg}(a \pm b) = \dfrac{\text{tg} \, a \pm \text{tg} \, b}{1 \mp \text{tg} \, a \, \text{tg} \, b},$

$\sin a \pm \sin b = 2 \sin \tfrac{1}{2}(a \pm b) \cos \tfrac{1}{2}(a \mp b),$

$\cos a + \cos b = 2 \cos \tfrac{1}{2}(a + b) \cos \tfrac{1}{2}(a - b),$

$\cos a - \cos b = -2 \sin \tfrac{1}{2}(a + b) \sin \tfrac{1}{2}(a - b),$

$\sin 2a = 2 \sin a \cos a,$

$\cos 2a = \cos^2 a - \sin^2 a = 1 - 2\sin^2 a = 2\cos^2 a - 1,$

$2\sin^2 \tfrac{1}{2} a = 1 - \cos a, \quad \sin \tfrac{1}{2} a = \pm \sqrt{\dfrac{1 - \cos a}{2}},$

$2\cos^2 \tfrac{1}{2} a = 1 + \cos a, \quad \cos \tfrac{1}{2} a = \pm \sqrt{\dfrac{1 + \cos a}{2}},$

$\text{tg}^2 \tfrac{1}{2} a = \dfrac{1 - \cos a}{1 + \cos a}.$

Démonstrations purement analytiques.

17. Lorsque a diminue, le rapport $\dfrac{\text{tg} \, a}{a}$ diminue aussi.

Soient $BAC = a$, $BAC' = a' < a$ (*fig.* 11).

On peut toujours supposer les deux angles BAC' et $C'AC$ commensurables entre eux ([1]); divisons-les en parties égales à leur commune mesure $BAB' = C'AC'$; toutes les divisions telles que $C'C'$, de $C'C$, seront plus grandes que les divisions telles que BB', de BC'. En effet, comparons-en deux, par exemple, BB' et $C'C'$. On a $AC' > AB$. Portons $AK = AB$; menons KK' perpendiculaire à AK; faisons l'angle $AKK' = AC'C'$, et menons $K'K'''$ perpendiculaire à AC'. On a

$$C'C' > KK', \quad KK' > K'K''', \quad K'K''' > KK' \quad \text{et} \quad KK' = BB',$$

à cause de l'égalité des triangles ABB', AKK'. Donc

$$C'C' > BB'.$$

Toutes les parties de $C'C$ étant ainsi plus grandes que celles de BC', tandis que les angles sont divisés en parties égales, le rapport de $C'C$ à BC' est plus grand que celui des angles correspondants; donc

$$\frac{CC'}{C'B} > \frac{CAC'}{C'AB},$$

d'où

$$\frac{CC' + C'B}{C'B} > \frac{CAC' + C'AB}{C'AB},$$

ou

$$\frac{CB}{C'B} > \frac{CAB}{C'AB} > \frac{a}{a'},$$

ou encore

$$\frac{\frac{CB}{AB}}{\frac{C'B}{AB}} > \frac{a}{a'}.$$

Mais (14)

$$\frac{CB}{AB} = \lg a, \quad \frac{C'B}{AB} = \lg a';$$

([1]) Parce que le passage du commensurable à l'incommensurable se fait toujours de la même manière et par un raisonnement connu.

donc

$$\frac{\lg a}{\lg a'} > \frac{a}{a'} \quad \text{ou} \quad \frac{\lg a'}{a'} < \frac{\lg a}{a},$$

ce qu'il fallait établir.

Ainsi, à mesure que a converge vers 0, le rapport $\frac{\lg a}{a}$ diminue toujours et converge donc lui-même vers une certaine limite égale à zéro ou différente de zéro.

On a

$$\frac{\sin a}{a} = \frac{\lg a}{a} \cos a.$$

A mesure que a converge vers zéro, $\cos a$ converge vers 1, donc $\frac{\sin a}{a}$ converge de son côté vers la même limite que $\frac{\lg a}{a}$, limite dont on vient de démontrer l'existence ([1]).

18. Les formules

$$\sin \tfrac{1}{2} a = \pm \sqrt{\frac{1 - \cos a}{2}}$$

et

$$\cos \tfrac{1}{2} a = \pm \sqrt{\frac{1 + \cos a}{2}}$$

peuvent s'écrire

$$2 \sin \tfrac{1}{2} a = \pm \sqrt{2 - 2 \cos a}$$

et

$$2 \cos \tfrac{1}{2} a = \pm \sqrt{2 + 2 \cos a}.$$

On en déduit ([2])

$$2 \sin \frac{\pi}{2^{m+1}} = \sqrt{2 - 2 \cos \frac{\pi}{2^m}},$$

$$2 \cos \frac{\pi}{2^m} = \sqrt{2 + 2 \cos \frac{\pi}{2^{m-1}}},$$

$$2 \cos \frac{\pi}{2^{m-1}} = \sqrt{2 + 2 \cos \frac{\pi}{2^{m-2}}}, \quad \text{etc.,}$$

[1] Il ne serait pas exact de dire que $\frac{\sin a}{a}$ converge, comme $\frac{\lg a}{a}$, en diminuant toujours, car le second facteur augmente.

[2] Quand il s'agit d'arcs inférieurs à $\frac{\pi}{2}$, le double signe peut être supprimé.

d'où, en remplaçant de proche en proche :

$$2 \sin \frac{\pi}{2^{m+1}} = \sqrt{2 - \sqrt{2 + \sqrt{2 + 2\cos \frac{\pi}{2^{m-2}}}}},$$

En s'arrêtant au terme qui renferme 2^{m-2}, on a en tout 3 radicaux; en s'arrêtant au terme qui renferme $2^{m-(m-1)}$, on aurait m radicaux, et alors le terme en cos disparaîtrait, car

$$\cos \frac{\pi}{2^{m-(m-1)}} = \cos \frac{\pi}{2} = 0 ;$$

donc on a

$$2 \sin \frac{\pi}{2^{m+1}} = \sqrt{2 - \sqrt{2 + \sqrt{2 + \cdots + \sqrt{2 + \sqrt{2}}}}},$$

avec m radicaux.

On en déduit

$$\frac{\sin \frac{\pi}{2^{m+1}}}{\frac{\pi}{2^{m+1}}} = \frac{\sqrt{2 - \sqrt{2 + \sqrt{2 + \cdots}}}}{\frac{\pi}{2^m}} = \frac{2^m \sqrt{2 - \sqrt{2 + \sqrt{2 + \cdots}}}}{\pi}.$$

On a vu, au numéro précédent, que, a diminuant indéfiniment suivant une loi quelconque, $\frac{\sin a}{a}$ converge vers une certaine limite; donc $\dfrac{\sin \frac{\pi}{2^{m+1}}}{\frac{\pi}{2^{m+1}}}$ doit converger vers la même limite quand m augmente indéfiniment. Donc

$$\lim \left(\frac{\sin a}{a}\right)_{a=0} = \frac{\lim \left[2^m \sqrt{2 - \sqrt{2 + \sqrt{2 + \sqrt{\cdots}}}}\right]_{m=\infty}}{\pi},$$

et cette limite existe nécessairement.

19. *Lignes trigonométriques. Fonctions circulaires directes et inverses.* — Les fonctions trigonométriques dont il est question

au n° 15 sont souvent appelées aussi *lignes trigonométriques* ou fonctions circulaires directes, parce qu'on peut les reproduire par certaines lignes construites dans le cercle. Bien que nous leur ayons donné de préférence une interprétation différente, il importe de connaître le sens précis de ces nouvelles dénominations. — Construction des fonctions trigonométriques dans un cercle de rayon 1. — Définition des fonctions circulaires inverses. — Les lignes trigonométriques sont considérées indifféremment comme étant celles des angles au centre ou des arcs correspondants, lesquels angles et arcs s'expriment d'ailleurs par les mêmes nombres, en vertu de la convention admise.

20. Valeurs approchées des lignes trigonométriques en fonction des arcs ([1]).

a étant un arc compris entre 0 et $\frac{\pi}{2}$, on a :

$$\sin a < a, \quad \operatorname{tg} a > a,$$

(Démonstration géométrique) ([2]).

La seconde de ces inégalités peut s'écrire : $\sin a > a \cos a$, d'où successivement :

$$\sin^2 a > a^2 (1 - \sin^2 a),$$
$$\sin^2 a > \frac{a^2}{1 + a^2}.$$

Mais on a identiquement :

$$\frac{a^2}{1 + a^2} > a^2 - a^4 + \tfrac{1}{4} a^6,$$

comme on peut s'en assurer aisément en chassant les dénominateurs et en se rappelant la limite supérieure assignée à la valeur de a.

([1]) Écrivant le résumé d'un cours de trigonométrie *élémentaire*, nous avons introduit ici une méthode élémentaire pour la détermination approchée du sinus et du cosinus en fonction de l'arc. Nous n'examinons pas la question de savoir si l'on ne pourrait pas introduire les dérivées et la formule de Mac-Laurin dans l'enseignement, même avant la trigonométrie.

([2]) Ces inégalités ne sont vraies que si l'on adopte le mode de mesure indiqué au n° 3.

Donc :

$$\sin^2 a > a^2 - a^4 + \tfrac{1}{4} a^6,$$

ou, extrayant la racine carrée des deux membres :

$$\sin a > a - \tfrac{1}{2} a^3.$$

Puisque $\sin a$ est compris entre a et $a - \tfrac{1}{2} a^3$, on peut poser

$$\sin a = a - m a^3,$$

m étant un nombre variable avec l'arc, mais toujours compris entre 0 et $\tfrac{1}{2}$ ([1]).

Passons maintenant au cosinus et limitons nos raisonnements aux arcs dont la valeur numérique est inférieure à $\tfrac{3}{7}$.

On a

$$\cos^2 a = 1 - \sin^2 a;$$

donc

$$\cos^2 a > 1 - a^2,$$

et à *fortiori*

$$\cos^2 a > 1 - a^2 - \tfrac{1}{28} a^4 + \tfrac{1}{7} a^6 + \tfrac{1}{49} a^8,$$

puisque la quantité ajoutée au second membre est négative, en vertu de la limite imposée aux valeurs de a. Extrayant la racine

---

([1]) Si a converge vers zéro, la dernière formule donne

$$\lim \left(\frac{\sin a}{a} \right)_{a=0} = 1.$$

Or, on a trouvé au § 18 :

$$\lim \left(\frac{\sin a}{a} \right)_{a=0} = \frac{\lim \left[2^m \overset{m \text{ rad}}{\sqrt{2 - \sqrt{2 + \sqrt{2 + \ldots}}}} \right]_{m=x}}{\pi};$$

donc

$$\pi = \lim \left[2^m \overset{m \text{ rad}}{\sqrt{2 - \sqrt{2 + \sqrt{2 + \ldots}}}} \right]_{m=x}.$$

Cette valeur de π n'a ici qu'un intérêt de curiosité, parce que l'on a déjà indiqué (n° 300 de la géométrie) un moyen plus élémentaire et plus simple de calculer π en géométrie usitée; mais dans la géométrie et la trigonométrie générales, la formule que nous venons d'obtenir donne au contraire la définition la plus naturelle de π et la vraie signification avec laquelle ce nombre s'introduit dans les formules.

carrée des deux membres, il vient:

$$\cos a > 1 - \tfrac{1}{2} a^2 - \tfrac{1}{7} a^4.$$

D'un autre côté:

$$\cos^2 a < 1 - (a - \tfrac{1}{6} a^3)^2,$$
$$\cos^2 a < 1 - a^2 + a^4 - \tfrac{1}{4} a^6,$$

et à fortiori

$$\cos^2 a < 1 - a^2 + \tfrac{5}{4} a^4 - \tfrac{1}{2} a^6 + \tfrac{1}{4} a^8,$$

puisque la quantité ajoutée au second membre ($\tfrac{1}{4} a^4 - \tfrac{1}{4} a^6 + \tfrac{1}{4} a^8$) est positive.

Extrayant la racine carrée des deux membres, il vient:

$$\cos a < 1 - \tfrac{1}{2} a^2 + \tfrac{1}{2} a^4.$$

Puisque $\cos a$ est compris entre $1 - \tfrac{1}{2} a^2 - \tfrac{1}{7} a^4$ et $1 - \tfrac{1}{2} a^2 + \tfrac{1}{2} a^4$, on peut poser

$$\cos a = 1 - \tfrac{1}{2} a^2 + n a^4,$$

n étant un nombre variable avec l'arc, mais toujours compris entre $-\tfrac{1}{7}$ et $+\tfrac{1}{2}$.

21. Pour transformer une formule de trigonométrie sphérique en formule de trigonométrie rectiligne, il faut commencer par rétablir le rayon de la sphère ([1]), c'est-à-dire par remplacer les quantités symboliques a, b, c, par leurs vraies valeurs $\dfrac{a}{R}$, $\dfrac{b}{R}$, $\dfrac{c}{R}$, R étant le rayon de la sphère, de manière qu'après la substitution, a, b et c représentent bien les longueurs des côtés.

Alors on substituera pour $\sin \dfrac{a}{R}$, $\cos \dfrac{a}{R}$,... leurs valeurs tirées du numéro 20:

$$\sin \frac{a}{R} = \frac{a}{R} - m \frac{a^3}{R^3},$$
$$\cos \frac{a}{R} = 1 - \tfrac{1}{2} \frac{a^2}{R^2} + n \frac{a^4}{R^4},$$

ce qui est légitime, si l'on suppose R assez grand. Enfin on

([1]) Voyez, à ce sujet, le n° 23.

passera à la limite en faisant R = ∞ , ce qui revient, comme on s'en assure aisément, à ne conserver dans les équations que les termes du degré le moins élevé en $\frac{a}{R}, \frac{b}{R}, \frac{c}{R}$, après la disparition des termes qui se détruisent, et à supprimer le dénominateur commun en R.

On peut même, puisque l'on sait d'avance que les R disparaîtront dans le résultat final, se dispenser de les écrire, remplacer directement sin a, cos a,... par leurs valeurs tirées du n° 20, et ne conserver que les termes du degré le moins élevé en a, b,...; mais il faudrait réintroduire le rayon de la sphère en cas de doute sur la légitimité des déductions. Il est aussi toujours inutile d'écrire les termes en m et en n, puisqu'ils ne peuvent rester dans le résultat final.

22. Première formule des triangles rectilignes :

$$a^2 = b^2 + c^2 - 2bc \cos A. \quad \text{(I)}$$

Démonstration géométrique ordinaire ([1]).

23. Première formule des triangles sphériques :

$$\cos a = \cos b \cos c + \sin b \sin c \cos A. \quad \text{(I)}$$

Démonstration géométrique ordinaire.

Il importe d'observer que, dans cette formule, et aussi dans toutes les autres formules de la trigonométrie sphérique, lesquelles s'en déduisent, on écrit a, b, c, par abréviation, au lieu de $\frac{a}{R}, \frac{b}{R}, \frac{c}{R}$, R étant le rayon de la sphère sur laquelle le triangle est tracé et a, b, c étant les longueurs réelles des côtés. Cela résulte de la convention admise pour mesurer les angles.

Transformation rectiligne :

$$a^2 = b^2 + c^2 - 2bc \cos A. \quad \text{(I)}$$

---

[1] Nous commençons par cette formule pour faciliter la démonstration de la formule correspondante en trigonométrie sphérique, et aussi pour comprendre dans notre exposition le cas où l'on n'étudierait que la trigonométrie rectiligne; mais nous la déduirons au numéro suivant de la formule correspondante, par la méthode générale exposée plus haut.

C'est la première formule des triangles rectilignes, déjà connue.

Transformation polaire : Elle donne la seconde formule des triangles sphériques.

24. Seconde formule des triangles sphériques :

$$\cos A = -\cos B \cos C + \sin B \sin C \cos a. \quad (\text{II})$$

Transformation rectiligne :

$$A + B + C = \pi, \quad (\text{II})$$

résultat connu, que l'on peut considérer comme la seconde formule des triangles rectilignes.

25. Troisième formule des triangles sphériques :

$$\frac{\sin a}{\sin A} = \frac{\sin b}{\sin B} = \frac{\sin c}{\sin C}. \quad (\text{III}) \ [\text{Proportion des sinus.}]$$

Démonstration analytique connue, en partant de la première formule.

Transformation rectiligne :

$$\frac{a}{\sin A} = \frac{b}{\sin B} = \frac{c}{\sin C}. \quad (\text{III})$$

C'est la troisième formule des triangles rectilignes. On peut la démontrer par une méthode analytique directe, analogue à celle de la trigonométrie sphérique, en partant de la première formule.

Transformation polaire : reproduit la même formule.

26. Quatrième formule des triangles sphériques :

$$\cot a \sin b = \cot A \sin C + \cos b \cos C. \quad (\text{IV})$$

Démonstration : Partir de la valeur de $\cos a$, donnée par la première formule, y remplacer $\cos c$ par sa valeur déduite de la même formule où l'on avancerait toutes les lettres de deux rangs, puis éliminer $\sin c$ par la proportion des sinus.

Transformation rectiligne :

$$\frac{b}{a} = \cot A \sin C + \cos C. \quad (\text{IV})$$

Quand l'inconnue est a ou b, cette équation revient à l'équation (III), proportion des sinus.

Transformation polaire : Reproduit la même formule.

27. Cinquième formule des triangles sphériques :

$$\frac{\lg \frac{1}{2}(a+b)}{\lg \frac{1}{2}(a-b)} = \frac{\lg \frac{1}{2}(A+B)}{\lg \frac{1}{2}(A-B)}. \quad (V) \; [\text{Proportion des tangentes.}]$$

Elle se déduit aisément de la troisième formule (proportion des sinus).

Transformation rectiligne :

$$\frac{a+b}{a-b} = \frac{\lg \frac{1}{2}(A+B)}{\lg \frac{1}{2}(A-B)}. \quad (V)$$

C'est la cinquième formule des triangles rectilignes. Elle peut se démontrer, comme celle des triangles sphériques, au moyen de la troisième.

28. Sixième formule des triangles sphériques :

$$\lg \tfrac{1}{2} A = \sqrt{\frac{\sin(p-b)\sin(p-c)}{\sin p \sin(p-a)}}. \quad (VI) \; [2p = a+b+c.]$$

Démonstration : Déduire $\cos A$ de la première formule et remplacer sa valeur dans

$$\lg \tfrac{1}{2} A = \sqrt{\frac{1-\cos A}{1+\cos A}}.$$

Transformation rectiligne :

$$\lg \tfrac{1}{2} A = \sqrt{\frac{(p-b)(p-c)}{p(p-a)}}. \quad (VI)$$

Démonstration directe, comme pour les triangles sphériques.
Transformation polaire : Elle donne la septième formule.

29. Septième formule des triangles sphériques :

$$\lg \tfrac{1}{2} a = \sqrt{-\frac{\cos S \cos(S-A)}{\cos(S-B)\cos(S-C)}}. \quad (VII) \; [2S = A+B+C.]$$

9

Transformation rectiligne :

$$A + B + C = \pi. \quad \text{(II, VII)}$$

30. Huitième et neuvième formules des triangles sphériques :

$$\operatorname{tg} \tfrac{1}{2}(A + B) = \cot \tfrac{1}{2} C \, \frac{\cos \tfrac{1}{2}(a - b)}{\cos \tfrac{1}{2}(a + b)}, \quad \text{(VIII)}$$

$$\operatorname{tg} \tfrac{1}{2}(A - B) = \cot \tfrac{1}{2} C \, \frac{\sin \tfrac{1}{2}(a - b)}{\sin \tfrac{1}{2}(a + b)}. \quad \text{(IX)}$$

Démonstration : On connaît le quotient $\dfrac{\operatorname{tg} \tfrac{1}{2}(A + B)}{\operatorname{tg} \tfrac{1}{2}(A - B)}$ (V); on cherche le produit $\operatorname{tg} \tfrac{1}{2}(A + B) \operatorname{tg} \tfrac{1}{2}(A - B)$, en développant et remplaçant les carrés des tangentes par la formule (VI), ce qui fera apparaître $\cot \tfrac{1}{2} C$ sous la forme correspondante à la formule (VI) renversée.

Transformation rectiligne :

$$A + B + C = \pi, \quad \text{(II, VII, VIII)}$$

$$\frac{a + b}{a - b} = \frac{\operatorname{tg} \tfrac{1}{2}(A + B)}{\operatorname{tg} \tfrac{1}{2}(A - B)}. \quad \text{(V, IX)}$$

Transformation polaire : Elle donne la dixième et la onzième formules.

31. Dixième et onzième formules des triangles sphériques :

$$\operatorname{tg} \tfrac{1}{2}(a + b) = \operatorname{tg} \tfrac{1}{2} c \, \frac{\cos \tfrac{1}{2}(A - B)}{\cos \tfrac{1}{2}(A + B)}, \quad \text{(X)}$$

$$\operatorname{tg} \tfrac{1}{2}(a - b) = \operatorname{tg} \tfrac{1}{2} c \, \frac{\sin \tfrac{1}{2}(A - B)}{\sin \tfrac{1}{2}(A + B)}. \quad \text{(XI)}$$

Transformation rectiligne :

$$\left. \begin{aligned} \frac{a + b}{c} &= \frac{\cos \tfrac{1}{2}(A - B)}{\cos \tfrac{1}{2}(A + B)}, \\ \frac{a - b}{c} &= \frac{\sin \tfrac{1}{2}(A - B)}{\sin \tfrac{1}{2}(A + B)}. \end{aligned} \right\} \text{(X, XI)}$$

Quand les inconnues sont a et b, ces équations reviennent à la proportion des sinus (III), car alors on peut faire l'addition et la soustraction des quantités $a + b$ et $a - b$ avant le calcul numérique au lieu de les faire après, simplification qui n'est pas possible en trigonométrie sphérique.

Lorsque c est inconnu, on peut aussi remplacer les équations par la proportion des sinus.

32. Les formules VIII, IX, X et XI s'appellent ordinairement *analogies de Neper*. Chacune d'elles renferme cinq éléments du triangle, tandis que les sept autres formules n'en renferment que quatre.

33. *Résolution des triangles.*

(La solution est toujours la même dans les deux trigonométries.)

1° Un côté et deux angles adjacents : A, B, c.

Solution directe : Pour a, (IV) (1); pour b, (IV); pour c, (II).

Solution logarithmique : Pour a et b, (X) et (XI); ensuite pour c, (VIII).

En trigonométrie rectiligne les deux solutions coïncident, parce que les équations (IV), (X) et (XI) se réduisent ici à (III) et que (VIII) est toujours équivalent à (II).

2° Un angle et les deux côtés qui le comprennent : a, b, C.

Solution directe : Pour A, (IV); pour B, (IV); pour c, (I).

Solution logarithmique : Pour A et B, (VIII) et (IX); pour c, (X) ou (XI).

3° Les trois côtés.

Solution directe (I).

Solution directe et logarithmique (VI).

4° Les trois angles.

Solution directe (II).

Solution directe et logarithmique (VII).

En trigonométrie rectiligne, ces deux formules se réduisent à $A + B + C = \pi$ et le problème est indéterminé.

---

(1) Sauf les permutations convenables des lettres. Cette observation ne sera plus répétée.

34. *Des conditions de possibilité.* — Dans les quatre cas que nous venons d'examiner, les conditions de possibilité étaient fort simples (nous nous restreignons aux triangles ordinaires et nous sous-entendons les conditions contenues dans leur définition). Dans les deux premiers cas, si les données satisfont aux conditions ordinaires, le triangle est toujours possible et unique. Dans le troisième cas, il faut que le plus grand côté soit inférieur à la somme des deux autres, et que la somme des trois côtés soit inférieure à une circonférence de grand cercle, cette dernière condition disparaissant encore dans la trigonométrie rectiligne.

Enfin, dans le quatrième cas, lequel ne s'applique qu'aux triangles sphériques, il faut que la somme des angles soit comprise entre π et 3π et que le plus petit angle, augmenté de π, devienne supérieur à la somme des deux autres. La nécessité et la suffisance de ces conditions peuvent se vérifier directement dans les formules mêmes. Nous ne nous y arrêterons pas, mais nous donnerons, comme exemple de semblables discussions, un cas un peu plus compliqué et d'une utilité spéciale.

Les conditions nécessaires et suffisantes pour que l'on puisse construire un triangle avec les quatre éléments (donnés d'avance) A, B, a et b, sont les suivantes :

1°
$$\frac{\sin A}{\sin B} = \frac{\sin a}{\sin b},$$

laquelle se réduit en trigonométrie rectiligne à

$$\frac{\sin A}{\sin B} = \frac{a}{b};$$

2° $A + B - \pi$ et $a + b - \pi$ doivent être de même signe. En trigonométrie rectiligne, $a + b - \pi$ est nécessairement négatif, donc $A + B - \pi$ doit l'être aussi, condition connue (¹).

Il est d'abord visible que ces deux conditions sont bien

(¹) Au lieu de cette seconde condition, on pourrait dire que $A - B$ et $a - b$ doivent être de même signe. Cette condition serait équivalente, mais la première est encore un peu plus simple.

distinctes ou indépendantes l'une de l'autre. La première est évidemment nécessaire. Pour prouver qu'il en est de même de la seconde, prenons la première analogie de Neper :

$$\operatorname{tg}\tfrac{1}{2}(A+B)=\cot\tfrac{1}{2}C\,\frac{\cos\tfrac{1}{2}(a-b)}{\cos\tfrac{1}{2}(a+b)}. \quad \text{(VIII)}$$

$\cot\dfrac{C}{2}$ et $\cos\tfrac{1}{2}(a-b)$ sont nécessairement positifs; si $A+B-\pi$ et $a+b-\pi$ n'avaient pas le même signe, $\operatorname{tg}\tfrac{1}{2}(A+B)$ et $\cos\tfrac{1}{2}(a+b)$ seraient aussi de signes contraires et l'équation serait impossible.

Les conditions imposées sont donc nécessaires et indépendantes. Reste à prouver qu'elles sont suffisantes pour rendre la construction du triangle possible.

Pour cela, calculons l'angle C au moyen de l'équation (VIII), ce qui est toujours possible lorsque $A+B-\pi$ et $a+b-\pi$ sont de même signe; puis construisons un triangle avec les éléments a, b, C, ce qui est aussi toujours possible. Les deux autres angles A′ et B′ de ce triangle devront satisfaire aux conditions

$$\frac{\sin A'}{\sin B'}=\frac{\sin a}{\sin b}$$

et

$$\operatorname{tg}\tfrac{1}{2}(A'+B')=\cot\tfrac{1}{2}C\,\frac{\cos\tfrac{1}{2}(a-b)}{\cos\tfrac{1}{2}(a+b)},$$

lesquelles suffisent pour les déterminer sans ambiguité. Mais les angles A et B satisfont aussi à ces relations puisque la première (avec A et B au lieu de A′ et B′) est une donnée de la question et que la seconde (même observation) a précisément servi à déterminer C. Donc A′ = A, B′ = B. Donc le triangle construit renferme les quatre éléments donnés.

Même démonstration en trigonométrie rectiligne.

35. *Suite de la résolution des triangles.*

5° Deux angles et le côté opposé à l'un d'eux : A, B, a.

Pour b, (III).

Connaissant b par son sinus, on considèrera les deux angles

b' et $\pi - b'$ qui y correspondent, si toutefois ce sinus est moindre que l'unité. Dans le cas contraire, le triangle est impossible. On déterminera par le n° **34** celui ou ceux des triangles

$$A, \; B, \; a, \; b',$$
$$A, \; B, \; a, \; \pi - b',$$

qui sont possibles. En trigonométrie rectiligne, b est calculé directement par la même formule et le triangle est toujours possible et unique si $A + B < \pi$.

Pour chaque triangle possible, on déterminera C par la formule (VIII) et c par (X) ou (XI), lesquelles, en trigonométrie rectiligne, se réduisent dans ce cas à (III) :

$$\frac{c}{\sin(A + B)} = \frac{a}{\sin A}$$

et donnent ici une solution entièrement directe.

6° Deux côtés et l'angle opposé à l'un d'eux : a, b, A.

Pour B (III). Connaissant B par son sinus, on considèrera les deux angles B' et $\pi - B'$ qui y correspondent, si toutefois ce sinus est moindre que l'unité; dans le cas contraire, le triangle est impossible.

On déterminera par le n° 34 celui ou ceux des triangles

$$a, \; b, \; A, \; B',$$
$$a, \; b, \; A, \; \pi - B',$$

qui sont possibles.

En trigonométrie rectiligne, il y en aura toujours au moins un possible, dès que le sinus est plus grand que 1.

Pour chaque triangle possible, on déterminera C et c comme au 5ᵉ cas. Dans le 5ᵉ et le 6ᵉ cas des triangles sphériques, il y a indétermination si les trois éléments donnés sont égaux à $\frac{\pi}{2}$.

36. *Triangles rectangles.* — Pour passer des formules des triangles quelconques à celles des triangles rectangles, A représentant l'angle droit, il suffit de faire $A = \frac{\pi}{2}$ dans toutes les formules qui précèdent, après avoir, au besoin, effectué l'échange progressif des lettres, ou bien avoir échangé entre elles deux lettres seulement, de manière à introduire A à la place des autres angles qui pourraient figurer dans les formules.

Nous ne nous y arrêterons pas et nous ferons seulement observer :

1° Que par la substitution $A = \frac{\pi}{2}$, certaines formules peuvent devenir directes ou logarithmiques, alors qu'elles ne l'étaient pas en général.

2° Que les formules des triangles rectangles rectilignes ont déjà été données aux n°s 6, 7 et 14.

3° Que, dans le cas où l'on donnerait, pour l'un de ces triangles, l'hypoténuse a et un côté b de l'angle droit, la meilleure formule à employer pour le calcul de c serait la formule purement géométrique

$$c = \sqrt{a^2 - b^2} = \sqrt{(a+b)(a-b)},$$

à laquelle on arriverait aussi d'ailleurs par la solution trigonométrique générale, en ayant soin d'éliminer les angles avant d'effectuer le calcul numérique.

4° Que toutes les formules utiles des triangles rectangles sphériques sont comprises dans l'énoncé mnémonique qui suit : Ayant placé sur les côtés et sur les angles du triangle les lettres qui les représentent, sauf à négliger l'angle droit et à inscrire les compléments des côtés de cet angle au lieu des côtés eux-mêmes ; le cosinus de l'un quelconque des cinq éléments inscrits

$$\left(a,\ C,\ \frac{\pi}{2} - b,\ \frac{\pi}{2} - c,\ B \right)$$

est égal au produit des sinus des deux éléments les plus éloignés de lui, et aussi au produit des cotangentes des deux éléments les plus rapprochés.

CHAPITRE IV.

Trigonométrie générale.

(Les renvois se rapportent au chapitre III : *Trigonométrie usitée.*)

———

1 et 2.

3. Les angles peuvent se mesurer de plusieurs manières, comme on l'a vu en géométrie. Pour rapprocher autant que possible les formules de la trigonométrie générale de celles de la trigonométrie usitée, nous mesurerons ces angles dans une circonférence de longueur 2π, de sorte que les angles et les arcs auront la même expression analytique qu'en trigonométrie usitée; l'angle droit, par exemple, ou l'arc qui lui sert de mesure, sera désigné par $\frac{\pi}{2}$; mais nous laisserons provisoirement la valeur de π indéterminée. Nous verrons bientôt que cette valeur numérique doit être la même qu'en trigonométrie usitée, pour la continuation de la concordance des formules; mais ici, bien que la circonférence ait pour longueur 2π, le rayon du cercle ne sera pas égal à l'unité de longueur.

4.

5. *Cosinus d'un angle.* — Lorsqu'on projette une droite limitée AB sur une droite indéfinie AC, qui coupe la première en l'une de ses extrémités, et que l'on recommence la construction en rapprochant indéfiniment le point B du point A, sans faire varier l'angle A, le rapport $\frac{AB'}{AB}$ de la projection à la ligne projetée converge, comme nous allons le montrer, vers une limite déterminée. C'est cette limite que nous appelons le *cosinus* de l'angle A.

D'abord, le fait indiqué est évident dans la géométrie usitée. Démontrons-le successivement pour les deux autres systèmes de géométrie.

Or il est facile de voir que, dans la géométrie abstraite, à mesure que AB diminue, le rapport $\frac{AB'}{AB}$ augmente, tandis qu'il diminue dans la géométrie doublement abstraite.

Supposons, en effet, que AB diminue et devienne AD, sa projection devenant alors AD'; il faut prouver que

$$\frac{AD'}{AD} > \frac{AB'}{AB} \text{ (ou } <\text{, dans la géométrie doublement abstraite).}$$

Divisons AB' et AD' en parties égales ([1]) et, en tous les points de division, menons des perpendiculaires à AC. Si les hypoténuses étaient aussi divisées en parties égales, les deux rapports à comparer seraient égaux. Au contraire, pour prouver l'existence des inégalités mentionnées plus haut, il faut faire voir que les parties dans lesquelles l'hypoténuse AB est divisée sont d'autant plus grandes qu'elles sont plus éloignées du sommet (plus petites dans la géométrie doublement abstraite).

Il suffit d'en considérer deux consécutives, par exemple M' N' et N' P' (M' étant le point le plus voisin du sommet), projetées respectivement en MN, et NP. Par le point N' menons M'N'P' perpendiculaire à NN' et comparons les triangles N'M'M', N'P'P'. Ces triangles ont l'angle en N' égal et le côté N' M' = N' P' (par symétrie); mais l'angle en P' est le supplément de l'angle en M', lequel est aigu (ch. II, n° 72^{AD}; obtus dans la géométrie doublement abstraite), donc, dans la superposition des triangles, le côté P'P' tombera en dehors du triangle N'M'M' (en dedans, dans la géométrie doublement abstraite) et l'on aura N'P' > N'M' (< dans la géométrie doublement abstraite), ce qu'il fallait établir.

Le rapport $\frac{A'B'}{AB}$ augmentant toujours dans la géométrie abstraite et diminuant toujours dans la géométrie doublement abstraite, sans pouvoir jamais atteindre l'unité dans le premier

___
([1]) Nous ne nous occupons pas de la discussion connue du cas d'incommensurabilité.

cas, ni devenir négatif dans le second, il converge, dans les deux cas, vers une limite déterminée.

6 à 18.

Aux n°s 6, 7, 12 et 14, le raisonnement n'est vrai qu'à la limite, mais l'énoncé du n° 12 reste intact, parce que le résultat ne renferme que des quantités qui, pour nous, sont déjà des limites.

Au n° 17, tous les raisonnements restent les mêmes jusqu'à l'inégalité

$$\frac{\dfrac{CB}{AB}}{\dfrac{C'B}{AB}} > \frac{a}{a'} \ldots \text{ (1)}$$

On ne peut plus en conclure immédiatement :

$$\frac{\operatorname{tg} a}{\operatorname{tg} a'} > \frac{a}{a'}.$$

Mais il faut imaginer que AB décroisse progressivement et que, dans tous les états successifs de la figure, on fasse les mêmes raisonnements.

L'inégalité (1) restera toujours vraie et, par conséquent, on aura aussi :

$$\frac{\lim\left(\dfrac{CB}{AB}\right)}{\lim\left(\dfrac{C'B}{AB}\right)} > \frac{a}{a'}.$$

Or (14) :

$$\lim \frac{CB}{AB} = \operatorname{tg} a, \quad \lim \frac{C'B}{AB} = \operatorname{tg} a'.$$

On arrive donc aux mêmes résultats et la suite n'offre plus de différence.

19. Nous avons trouvé (Ch. III, n° 20) :

$$\lim\left[2^m \sqrt{2 - \sqrt{2 + \sqrt{2 + \cdots}}} \ \right]_{m = \infty}^{m\ \text{rad}} = \pi = 3,1415926\ldots \ {}^{(1)},$$

(¹) Ou, d'une manière plus précise, égale l'inverse de la limite des termes de la série $0, \frac{1}{2}, \dfrac{0 + \frac{1}{2}}{2}$, etc., que l'on a rencontrée au n° 300 du chapitre II.

et c'est là un fait purement analytique, indépendant du système de géométrie que l'on adopte (¹) ; donc

$$\lim \left(\frac{\sin a}{a}\right)_{a=0} = \frac{\pi}{\pi} = 1,$$

comme dans la trigonométrie usitée.

On voit maintenant pourquoi nous avons adopté 2π comme longueur de la circonférence servant à mesurer les angles (n° 3). Jusqu'ici la valeur de π entrant dans l'expression de cette longueur, ou bien celle qui figure au dénominateur dans la dernière égalité que nous venons d'écrire, est au fond arbitraire; mais celle du numérateur ne l'est pas, et si l'on n'identifiait pas ces deux valeurs, on n'aurait plus

$$\lim \left(\frac{\sin a}{a}\right)_{a=0} = 1,$$

ce qui changerait toutes les formules ultérieures et introduirait des divergences de notations inutiles entre les différents systèmes de géométrie.

La valeur de π est donc ici numériquement la même qu'en géométrie usitée, mais on voit qu'elle se présente bien, ainsi que nous l'avons dit au n° 14 du chapitre I, comme limite de l'expression $2^m \sqrt{2 - \sqrt{2 + \sqrt{2 + \cdots}}}$, (où le nombre des radicaux est égal à m, et où m augmente indéfiniment) et nullement comme rapport de la circonférence au diamètre, ce qui a lieu dans la géométrie usitée, mais n'est applicable aux autres géométries qu'à la limite, c'est-à-dire pour des cercles infiniment petits.

(¹) On pourrait objecter que, pour l'établir, nous nous sommes servi de la géométrie ordinaire. Mais ce serait là une interprétation très fausse de nos théories. Le doute sur l'existence d'un système de géométrie et sur le choix entre trois systèmes ne peut porter (n° 33, chap. I) que sur leur applicabilité rigoureuse à la réalité physique. Au point de vue purement analytique, les trois systèmes de géométrie (ou généralement tous les systèmes dans lesquels la distance s'exprime par une des fonctions indiquées au n° 14 du chap. I), sont tous réels et valables et tous les résultats purement analytiques que l'on peut en déduire sont rigoureux.

Il résulte de ce qui précède que l'on peut écrire, à l'infiniment petit du second ordre près : sin $dx = dx$, cos $dx = 1$.

20. Différentiation et intégration des fonctions trigonométriques les plus simples.

On a :

$$d\sin x = \sin(x + dx) - \sin x = \sin x \cos dx + \sin dx \cos x - \sin x$$
$$= \sin x + \cos x\, dx - \sin x = \cos x\, dx,$$

$$d\cos x = \cos(x + dx) - \cos x = \cos x \cos dx - \sin x \sin dx - \cos x$$
$$= \cos x - \sin x\, dx - \cos x = -\sin x\, dx.$$

Réciproquement :

$$\int \cos x\, dx = \sin x + \text{constante},$$

$$\int \sin x\, dx = -\cos x + \text{constante}.$$

Développant sin x et cos x en séries convergentes, par la formule de Mac-Laurin, on trouve :

$$\sin x = x - \frac{x^3}{2.3} + \frac{x^5}{2...5} - \ldots,$$

$$\cos x = 1 - \frac{x^2}{2} + \frac{x^4}{2...4} - \ldots.$$

Ces formules sont les mêmes que dans la trigonométrie usitée. Elles ont été présentées comme définitions du sinus et du cosinus au n° 14 du chapitre Ier, et peuvent donner lieu à de nouvelles définitions analytiques de π, par exemple celle-ci, qui est la plus simple : π est le plus petit des nombres dont le cosinus, évalué par la dernière série, serait égal à -1.

21. *Fonctions hyperboliques.* — Nous aurions pu introduire la théorie des fonctions hyperboliques dans la trigonométrie usitée, en la faisant dériver de l'hyperbole équilatère ; mais nous avons tenu à présenter la trigonométrie usitée le plus simplement possible, et d'ailleurs c'est surtout dans la trigonométrie générale que ces fonctions acquièrent une importance réelle, en donnant lieu à de notables simplifications de calcul.

De même qu'en trigonométrie générale nous avons défini les fonctions circulaires sans les faire dériver du cercle, nous définirons aussi les fonctions hyperboliques sans les faire dériver de l'hyperbole. Nous appellerons sinus et cosinus hyperboliques de la quantité x les sommes respectives des séries convergentes que l'on obtient en changeant tous les signes — en + dans les développements de $\sin x$ et de $\cos x$ donnés au n° 20. Ainsi :

$$\sin \text{hyp}\, x \text{ ou } \operatorname{sh} x = x + \frac{x^3}{2.3} + \frac{x^5}{2..5} + \dots,$$

$$\cos \text{hyp}\, x \text{ ou } \operatorname{ch} x = 1 + \frac{x^2}{2} + \frac{x^4}{2..4} + \dots.$$

Il en résulte immédiatement :

$$\operatorname{sh} x = \frac{\sin x \sqrt{-1}}{\sqrt{-1}}, \quad \operatorname{ch} x = \cos x \sqrt{-1}, \quad \sin x = \frac{\operatorname{sh} x \sqrt{-1}}{\sqrt{-1}},$$

$$\cos x = \operatorname{ch} x \sqrt{-1}, \quad \operatorname{sh} x = \tfrac{1}{2}(e^x - e^{-x}), \quad \operatorname{ch} x = \tfrac{1}{2}(e^x + e^{-x}).$$

On a d'ailleurs :

$$\sin x = \frac{1}{2\sqrt{-1}}\left(e^{x\sqrt{-1}} - e^{-x\sqrt{-1}}\right),$$

$$\cos x = \tfrac{1}{2}\left(e^{x\sqrt{-1}} + e^{-x\sqrt{-1}}\right),$$

et les formules principales de la trigonométrie ordinaire se transforment aisément en formules relatives aux lignes trigonométriques hyperboliques, puisqu'il suffit pour cela de considérer d'abord l'arc $a\sqrt{-1}$ au lieu de l'arc a, puis de remplacer partout $\sin a\sqrt{-1}$ par $\sqrt{-1} \operatorname{sh} a$, et $\cos a\sqrt{-1}$ par $\operatorname{ch} a$. Pour augmenter l'analogie, on pourra poser

$$\operatorname{tg} a = \frac{\operatorname{sh} a}{\operatorname{ch} a}, \quad \operatorname{coth} a = \frac{\operatorname{ch} a}{\operatorname{sh} a}, \quad \operatorname{sech} a = \frac{1}{\operatorname{ch} a}, \quad \operatorname{cosech} a = \frac{1}{\operatorname{sh} a}.$$

22. Dans le déplacement d'une droite de longueur finie, le rapport des projections des déplacements des extrémités, sur la droite primitive, a pour limite 1, lorsque la droite déplacée revient, d'un mouvement continu, vers sa position initiale.

Soient A B (*fig.* 12) la position initiale et A' B' la droite déplacée.

Joignons les milieux C et C' de A B et de A'B'. Par le point C, menons une droite A'CB' faisant avec CC' le même angle que la droite A'C'B', et dans le même sens, puis portons CA' = CB' = CA = C'A'. ·

Les déplacements totaux A A', BB' ont respectivement mêmes projections sur AB que les déplacements composés A A' + A'A', BB' + B'B'; or les déplacements égaux A A', BB' ont pour projection sur AB la flèche d'un arc infiniment petit ayant pour corde AA'; donc (ch. II, n° 291) cette projection est infiniment petite par rapport à A A' et par conséquent aussi par rapport aux projections totales (1). Il n'y a donc à considérer que les projections de A'A' et de B'B' sur AB. Ces projections sont respectivement égales à A'A' cos D et à A'A' cos D', parce qu'il s'agit de déplacements infiniment petits. Il suffit donc de prouver que le rapport $\frac{\cos D}{\cos D'}$ a lui-même pour limite 1. Mais les angles finis D et D' ne diffèrent qu'infiniment peu des angles égaux A'A'C, C'B'B'. Le théorème est donc démontré.

23. L'*équidistante* d'une droite, appelée *base*, est une ligne située dans un plan passant par cette droite et dont tous les points en sont distants d'une même quantité appelée *hauteur*. Dans la géométrie usitée, l'équidistante d'une droite est une autre droite; dans la géométrie doublement abstraite, cette équidistante est un cercle, et dans la géométrie simplement abstraite, elle constitue une courbe spéciale, indéfinie et uniforme, dont les propriétés ont été étudiées, d'abord par Lamarle, puis par nous.

Nous ne préjugerons pas ici la question de savoir si l'équidistante est droite ou courbe. Nous désignerons par la notation eq *a*

---

(1) En effet, s'il n'en était pas ainsi, c'est que l'une au moins des projections, par exemple celle de A A', serait elle-même infiniment petite par rapport à A'A'. Nous admettrons que l'angle A'AB n'est pas droit. A A' lui-même devrait donc être infiniment petit par rapport à A A', donc l'angle A' devrait avoir pour limite zéro. Mais cet angle est la différence de deux autres dont l'un est droit à la limite, et dont le second diffère infiniment peu de C'CB. Donc pour que le raisonnement fût en défaut, il faudrait que l'un au moins des trois déplacements initiaux AA', BB', CC' (tangentes aux courbes décrites) fût normal à AB, circonstance que nous excluons et qui ne se présentera dans aucune des applications.

le rapport de la longueur d'une portion d'équidistante de hauteur a à sa base; ce rapport est indépendant de cette base.

24. *Première propriété des triangles rectangles.* — Considérons un triangle rectangle ABC et imaginons que ce triangle tourne autour du point C, de manière que le point A, sommet de l'angle droit, se mouvant dans le sens AB, arrive en A′ quand le point B arrivera en B′. Projetons AA′ et BB′ sur AB, suivant AA″ et BB″. Lorsque le déplacement devient infiniment petit, ou que la droite déplacée revient vers sa position primitive, on a, à la limite :
AA″ $=$ AA′, BB″ $=$ BB′ sin B, B représentant l'angle du triangle; donc

$$\lim \frac{BB''}{AA''} = \lim \frac{BB'}{AA'} \cdot \sin B.$$

Mais à la limite le rapport des cordes BB′ et AA′ est égal à celui des arcs (ch. II, n° 291), et ce dernier est égal à celui des circonférences complètes ayant respectivement les mêmes rayons que les arcs, puisque les angles au centre sont égaux. Donc

$$\lim \left(\frac{BB''}{AA''}\right) = \frac{\text{circ } b}{\text{circ } a} \sin B.$$

D'autre part, on a en vertu du n° 22,

$$\lim \left(\frac{BB''}{AA''}\right) = 1 ;$$

donc

$$\frac{\text{circ } b}{\text{circ } a} \sin B = 1,$$

ou

$$\text{circ } b = \text{circ } a \sin B.$$

Ainsi, dans tout triangle rectangle, la circonférence décrite avec un côté de l'angle droit comme rayon est égale à la circonférence décrite avec l'hypoténuse, multipliée par le sinus de l'angle opposé au côté considéré.

25. *Seconde propriété des triangles rectangles.* — Considérons le même triangle ABC et faisons-le glisser le long de sa base AC,

de manière que le point C, se mouvant vers l'extérieur du triangle, arrive en C′ lorsque le point B arrive en B′ sur la ligne équidistante BB′.

Projetons BB′ et CC′ en BB″ et CC″ sur la droite BC.

On a, à la limite :

$$BB'' = BB' \sin B \quad \text{et} \quad CC'' = CC' \cos C,$$

B et C étant les angles du triangle ; donc

$$\lim \frac{CC''}{BB''} = \lim \left(\frac{CC'}{BB'} \right) \cdot \frac{\cos C}{\sin B}.$$

Mais l'arc BB′ est exactement égal à CC′ eq c, et, à la limite, la corde est égale à l'arc, donc

$$\lim \frac{CC'}{BB'} = \frac{1}{\text{eq}\, c}.$$

Il vient donc :

$$\lim \frac{CC''}{BB''} = \frac{1}{\text{eq}\, c} \frac{\cos C}{\sin B}.$$

D'autre part, on a, en vertu du n° 22,

$$\lim \frac{CC''}{BB''} = 1 ;$$

donc

$$\frac{1}{\text{eq}\, c} \frac{\cos C}{\sin B} = 1,$$

ou

$$\text{eq}\, c = \frac{\cos C}{\sin B}.$$

Ainsi, dans tout triangle rectangle, l'équidistante d'un côté de l'angle droit (c'est-à-dire la fonction eq de ce côté; voyez n° 23) est égale au cosinus de l'angle opposé, divisé par le sinus de l'angle adjacent.

26. *Relations entre les circonférences et les équidistantes.* — B et C représentant toujours les angles obliques d'un triangle

rectangle, b et c les côtés opposés, on a, en vertu des deux numéros précédents :

$$\sin B = \frac{\operatorname{circ} b}{\operatorname{circ} a}; \quad \sin C = \frac{\operatorname{circ} c}{\operatorname{circ} a},$$

$$\cos B = \operatorname{eq} b \sin C = \frac{\operatorname{eq} b \operatorname{circ} c}{\operatorname{circ} a}. \quad \cos C = \operatorname{eq} c \sin B = \frac{\operatorname{eq} c \operatorname{circ} b}{\operatorname{circ} a}.$$

Introduisant ces quatre valeurs dans l'identité

$$\sin^2 B + \cos^2 B = \sin^2 C + \cos^2 C,$$

il vient

$$\frac{\operatorname{circ}^2 b}{1 - \operatorname{eq}^2 b} = \frac{\operatorname{circ}^2 c}{1 - \operatorname{eq}^2 c}.$$

Mais b et c sont deux longueurs quelconques; donc la quantité

$$\frac{\operatorname{circ}^2 x}{1 - \operatorname{eq}^2 x}$$

est indépendante de x et peut être posée égale à une constante M.

On en déduit

$$\operatorname{eq} x = \sqrt{1 - \frac{\operatorname{circ}^2 x}{M}}, \quad \text{ou} \quad \operatorname{circ} x = \sqrt{M(1 - \operatorname{eq}^2 x)}.$$

27. *Troisième et quatrième propriétés des triangles rectangles.*
La relation

$$\operatorname{circ} b = \operatorname{circ} a \sin B$$

peut maintenant s'écrire :

$$1 - \operatorname{eq}^2 b = (1 - \operatorname{eq}^2 a) \sin^2 B,$$

ou

$$1 - \frac{\cos^2 B}{\sin^2 C} = (1 - \operatorname{eq}^2 a) \sin^2 B.$$

d'où l'on tire aisément :

$$\operatorname{eq} a = \cot B \cot C.$$

Cette dernière égalité peut elle-même s'écrire

$$\operatorname{eq} a = \frac{\cos B}{\sin C} \cdot \frac{\cos C}{\sin B} = \operatorname{eq} b \operatorname{eq} c.$$

Ainsi, dans tout triangle rectangle, l'équidistante de l'hypoténuse est égale au produit, soit des cotangentes des deux angles obliques, soit des équidistantes des deux côtés de l'angle droit.

28. *Relation générale entre la circonférence et son rayon.* — Considérons (*fig.* 13) un point B sur une circonférence de rayon R dont A est un autre point quelconque. Supposons que, le point A restant fixe, le point B se déplace et vienne en B'; soit AB = ρ, AB' = $\rho + d\rho$. Projetons B' en B" sur la droite AB.

Dans le triangle BB'B", on a, à la limite,

$$BB'' = BB' \sin \beta.$$

car l'angle B' converge vers β quand le point B' se rapproche indéfiniment de B. BB' et BB" sont donc deux quantités du même ordre de grandeur. Or, quand B' se rapproche de B, la corde BB' diffère d'un infiniment petit du second ordre de l'arc BB' dont la valeur est $d\alpha \dfrac{\text{circ R}}{2\pi}$, et quant à BB", nous allons démontrer qu'il est égal, avec la même approximation, à $d\rho$.

En effet, si de A comme centre avec AB' comme rayon on décrivait un arc de cercle coupant AB' en B'", on aurait rigoureusement BB' + B'B'" = $d\rho$.

Mais la flèche B'B'" est infiniment petite par rapport à la demi-corde B'B", tandis que les trois quantités B'B", BB' et BB" sont du même ordre. Donc B'B'" est infiniment petit relativement à BB' et l'on a bien : BB' = $d\rho$.

L'équation précédemment écrite devient donc :

$$d\rho = d\alpha \frac{\text{circ R}}{2\pi} \sin \beta.$$

Mais le triangle AOD donne :

$$\text{eq R} = \cot \beta \cot \frac{\alpha}{2}.$$

Pour simplifier, posons eq R = R'; alors

$$R' = \cot \beta \cot \frac{\alpha}{2}.$$

$$\cot \beta = R' \operatorname{tg} \frac{\alpha}{2};$$

$$\sin 3 = \frac{1}{\sqrt{1 + R'^2 \operatorname{tg}^2 \frac{\alpha}{2}}},$$

$$d\varphi = \frac{d\alpha \operatorname{circ} R}{2\pi \sqrt{1 + R'^2 \operatorname{tg}^2 \frac{\alpha}{2}}} = \frac{\operatorname{circ} R}{\pi} \frac{d\frac{\alpha}{2}}{\sqrt{1 + R'^2 \operatorname{tg}^2 \frac{\alpha}{2}}},$$

le radical étant pris positivement.

L'intégrale de cette équation est

$$\rho = \frac{\operatorname{circ} R}{\pi} \left[\frac{1}{\sqrt{R'^2 - 1}} l. \left(\sqrt{1 + (R'^2 - 1)\sin^2 \frac{\alpha}{2}} + \sqrt{R'^2 - 1} \sin \frac{\alpha}{2} \right) \right] + \text{constante},$$

ou bien :

$$\rho = \frac{\operatorname{circ} R}{\pi} \frac{\arcsin \left(\sqrt{1 - R'^2} \sin \frac{\alpha}{2} \right)}{\sqrt{1 - R'^2}} + \text{constante},$$

ce qui revient au même, en vertu des formules connues d'Euler ; mais on choisira de préférence la première intégrale quand R' sera plus grand que 1, et la seconde dans le cas contraire.

Prenant les intégrales entre O et 2R, on trouve :

$$2R = \frac{\operatorname{circ} R}{\pi \sqrt{R'^2 - 1}} l. (R' + \sqrt{R'^2 + 1}),$$

ou bien :

$$2R = \frac{\operatorname{circ} R}{\pi} \frac{\arcsin \sqrt{1 - R'^2}}{\sqrt{1 - R'^2}};$$

d'où :

$$\operatorname{circ} R = \frac{2\pi R \sqrt{R'^2 - 1}}{l (R' + \sqrt{R'^2 - 1})},$$

ou bien :

$$\text{circ R} = \frac{2\pi R \sqrt{1 - R'^2}}{\arcsin \sqrt{1 - R'^2}}.$$

Si $R' = 1$, ce qui arrive dans la géométrie usitée, les deux intégrales se réduisent à circ $R = 2\pi R$.

Séparons maintenant les trois trigonométries, pour plus de clarté.

29. *Trigonométrie usitée.* — On a eq $R = 1$ (ch. II, n° 69), donc l'équation

$$\text{eq R} = \sqrt{1 - \frac{\text{circ}^2 R}{M}}$$

donne $M = \infty$.

On a d'ailleurs (n° 28)

$$\text{circ R} = 2\pi R,$$

et les trois formules générales des n° 24 à 27 :

$$\text{circ } b = \text{circ } a \sin B,$$
$$\text{eq } b = \frac{\cos B}{\sin C},$$
$$\text{eq } a = \cot B \cot C = \text{eq } b \text{ eq } c$$

deviennent :

$$b = a \sin B,$$
$$\cos B = \sin C, \quad \text{ou} \quad B + C = \frac{\pi}{2},$$

formules qui, en effet, comprennent toute la trigonométrie ordinaire.

30. *Trigonométrie abstraite.* — On a eq $R > 1$ (ch. II, n° 69⁴), donc l'équation

$$\text{eq R} = \sqrt{1 - \frac{\text{circ}^2 R}{M}}$$

montre que M est négatif.

Posant $M = -4A^2$, on a

$$R' = \sqrt{1 + \frac{circ^2 R}{4A^2}},$$

et en combinant cette équation avec

$$circ R = 2\pi R \frac{\sqrt{R'^2 - 1}}{l(R' + \sqrt{R'^2 - 1})},$$

on trouve aisément :

$$circ R = A\left(e^{\frac{\pi R}{A}} - e^{\frac{-\pi R}{A}}\right),$$

$$R' = eq R = \tfrac{1}{2}\left(e^{\frac{\pi R}{A}} + e^{\frac{-\pi R}{A}}\right),$$

formules qui se réduisent à

$$circ R = 2\pi R,$$
$$eq R = 1,$$

lorsque R devient infiniment petit.

Les formules des triangles rectangles deviennent ([1])

$$e^{\frac{\pi b}{A}} - e^{\frac{-\pi b}{A}} = \left(e^{\frac{\pi a}{A}} - e^{\frac{-\pi a}{A}}\right)\sin B,$$

$$\tfrac{1}{2}\left(e^{\frac{\pi b}{A}} + e^{\frac{-\pi b}{A}}\right) = \frac{\cos B}{\sin C},$$

$$\tfrac{1}{2}\left(e^{\frac{\pi a}{A}} + e^{\frac{-\pi a}{A}}\right) = \cot B \cot C = \tfrac{1}{4}\left(e^{\frac{\pi b}{A}} + e^{\frac{-\pi b}{A}}\right)\left(e^{\frac{\pi c}{A}} + e^{\frac{-\pi c}{A}}\right);$$

ou, en introduisant les notations hyperboliques (n° 21) :

$$\operatorname{sh}\frac{\pi b}{A} = \operatorname{sh}\frac{\pi a}{A}\sin B,$$

$$\operatorname{ch}\frac{\pi b}{A} = \frac{\cos B}{\sin C},$$

$$\operatorname{ch}\frac{\pi a}{A} = \cot B \cot C = \operatorname{ch}\frac{\pi b}{A}\operatorname{ch}\frac{\pi c}{A}.$$

31. *Trigonométrie doublement abstraite.* — On doit avoir

([1]) Les formules des triangles rectangles ne renfermant jamais la lettre A, qui désigne habituellement l'angle droit, aucune confusion de notations n'est à craindre.

eq R $<$ 1, car sans cela on retomberait sur les formules des trigonométries précédentes ([1]); donc l'équation

$$\text{eq } R = \sqrt{1 - \frac{\text{circ}^2 R}{M}},$$

montre que M doit être positif.

Posant $M = 4\,D^2$, on a :

$$R' = \sqrt{1 - \frac{\text{circ}^2 R}{4\,D^2}},$$

et en combinant cette équation avec

$$\text{circ } R = 2\pi R \,\frac{\sqrt{1 - R'^2}}{\arcsin \sqrt{1 - R'^2}},$$

on trouve aisément :

$$\text{circ } R = 2\,D \sin \frac{\pi R}{D},$$

$$R' = \text{eq} R = \cos \frac{\pi R}{D}.$$

Ces deux équations se réduisent à circ $R = 2\pi R$ et à eq $R = 1$, quand R devient infiniment petit ; elles prouvent que D représente bien ici la distance maximum entre deux points, ou la distance de deux points opposés, ou, ce qui revient encore au même (ch. 1, n° 116°), le rayon d'une droite en géométrie doublement abstraite, puisque

$$\text{circ } D = 0,$$

$$\text{eq } \frac{D}{2} = 0.$$

Les formules des triangles rectangles deviennent :

$$\sin \frac{\pi b}{D} = \sin \frac{\pi a}{D} \sin B,$$

$$\cos \frac{\pi b}{D} = \frac{\cos B}{\sin C},$$

$$\cos \frac{\pi a}{D} = \cot B \cot C = \cos \frac{\pi b}{D} \cos \frac{\pi c}{D}.$$

([1]) Cela résulte d'ailleurs aussi de ce que, dans ce système de géométrie, le plan est une sphère.

32. Remarques.

1° Si, au lieu d'un plan, on considère une sphère, on a les mêmes formules, D représentant alors un demi-grand cercle. Ce sont les formules de la trigonométrie sphérique ordinaire. On a, il est vrai, l'habitude d'y écrire sin b,... au lieu de sin $\frac{\pi b}{D}$,... mais le sens est bien le même, eu égard à la manière dont on mesure les angles.

Ainsi la trigonométrie sphérique ordinaire est vraie, indépendamment des deux axiomes de simplification, ce qui devait arriver puisqu'il en est ainsi de la géométrie de la sphère.

La trigonométrie doublement abstraite du plan est la même que celle de la sphère, ce qui devait aussi arriver, puisque, dans cette hypothèse, le plan n'est qu'une sphère de rayon $\frac{1}{2}$ D. Toutes deux sont donc les mêmes que la trigonométrie sphérique ordinaire.

2° Les formules de la trigonométrie abstraite se déduisent de celles de la trigonométrie doublement abstraite ou de la trigonométrie sphérique, en changeant les lignes trigonométriques ordinaires relatives aux côtés en lignes trigonométriques hyperboliques, outre le remplacement du paramètre D par A.

Voici l'origine de cette propriété :

Les équations en circ R et eq R (n° 28) sont les mêmes de part et d'autre. Les valeurs de circ R et de eq R s'obtiennent en éliminant R' entre deux équations dont l'une est encore la même, et dont l'autre diffère en ce que D² y est remplacé par — A² ou D par $\pm$ A $\sqrt{-1}$. Donc, dans les résultats définitifs, *on passe des formules de la trigonométrie doublement abstraite* [1] *à celles de la trigonométrie abstraite par la même substitution*. On pourrait concevoir quelques doutes relativement au double signe, mais ces doutes disparaissent si l'on observe que les formules du n° 30, par lesquelles la notation A s'introduit dans la trigonométrie abstraite, ne changent pas si l'on y remplace A par —A. Il est donc aussi indifférent de remplacer D par $A\sqrt{-1}$ ou par $-A\sqrt{-1}$. Dans le cas particulier où D entre dans les formules par l'intermédiaire des lignes trigonométriques d'un arc de la forme $\dfrac{\pi a}{D}$, on obtient, respectivement, en remplaçant D par $-A\sqrt{-1}$ dans $\sin\dfrac{\pi a}{D}$ et dans $\cos\dfrac{\pi a}{D}$:

$$\sin - \frac{\pi a}{A\sqrt{-1}} = \sin\frac{\pi a\sqrt{-1}}{A} = \sqrt{-1}\ \mathrm{sh}\ \frac{\pi a}{A},$$

$$\cos - \frac{\pi a}{A\sqrt{-1}} = \cos\frac{\pi a\sqrt{-1}}{A} = \mathrm{ch}\ \frac{\pi a}{A}.$$

Mais, dans les formules des triangles, les sinus entrent toujours un même nombre de fois comme facteurs dans les deux membres; donc les imaginaires disparaissent et on peut se borner, par conséquent, pour les formules dont il s'agit, à remplacer les lignes trigonométriques ordinaires par des lignes trigonométriques hyperboliques, en même temps que l'on change D en A. Dans les autres cas, on suivra la règle générale indiquée plus haut.

Si, dans les formules de la trigonométrie abstraite, ou dans celles de la trigonométrie doublement abstraite, on fait $A = \infty$, ou $D = \infty$, on trouve les formules de la trigonométrie usitée.

33. *Des aires et volumes.* — Il résulte de l'observation qui termine le livre IV (ch. II) qu'en prenant pour unité d'aire le triangle dont la somme des angles vaut un angle droit en géométrie abstraite, et trois angles droits en géométrie doublement abstraite, l'aire d'un triangle quelconque dont les angles sont α, β et γ, s'exprime par

$$\frac{2}{\pi}(\pi - \alpha - \beta - \gamma).$$

dans la première de ces géométries, et par

$$\frac{2}{\pi}(\alpha + \beta + \gamma - \pi)$$

dans la seconde.

Mais il est souvent plus commode de choisir une unité d'aire analogue à celle que l'on adopte dans la géométrie usitée.

A cet effet, on démontrera aisément, et par des procédés analogues à ceux de cette géométrie, qu'une bande infiniment mince quelconque, comprise entre deux courbes parallèles et deux normales infiniment petites, a pour mesure le produit de sa base par sa hauteur, c'est-à-dire le produit de la longueur de la courbe par la normale infiniment petite.

L'unité de surface n'est plus ici le mètre carré, mais une surface telle qu'en la décomposant en bandes infiniment minces et cherchant son aire totale par l'intégration, on obtienne pour résultat l'unité [1].

Aire du cercle. On a, dans la géométrie doublement abstraite :

$$\text{cercle R} = \int_0^R \text{circ R} \, d\text{R} = \int_0^R 2\text{D} \sin \frac{\pi \text{R}}{\text{D}} \, d\text{R}$$

$$= \left(-\frac{2\text{D}^2}{\pi} \cos \frac{\pi \text{R}}{\text{D}} \right)_0^R = \frac{2\text{D}^2}{\pi} \left(1 - \cos \frac{\pi \text{R}}{\text{D}} \right)$$

et par conséquent dans la géométrie abstraite :

$$\text{cercle R} = \frac{2\text{A}^2}{\pi} \left(1 - \cos \text{hyp} \frac{\pi \text{R}}{\text{A}} \right).$$

Si l'on suppose D et A infinis ou bien R infiniment petit, ces deux formules se réduisent à celle-ci :

$$\text{cercle R} = \pi \text{R}^2.$$

Aire du triangle. — En représentant par T le triangle-unité, on a, dans la géométrie doublement abstraite :

$$\frac{2\text{T}}{\pi} (\alpha + \beta + \gamma - \pi)$$

pour représenter l'aire d'un triangle quelconque. Soit un triangle infiniment petit formé au centre d'un cercle, ayant pour côtés

---

[1] Nous ne croyons pas devoir entrer dans plus de détails sur ces points, parce qu'il ne s'agit pas ici de l'exposition de la géométrie élémentaire, laquelle est indépendante de cet article, mais seulement de justifier une assertion émise au n° 17(ch. 1er) et aussi de jeter un coup d'œil d'ensemble sur ce que devient la théorie des aires et des volumes dans les géométries abstraite et doublement abstraite.

deux rayons et une corde infiniment petite. L'angle au sommet étant représenté par $\frac{\pi}{n}$ et l'angle à la base par α, l'aire du triangle sera

$$\frac{2\,T}{\pi}\left(2\alpha + \frac{\pi}{n} - \pi\right) = \frac{2\,T}{n}\left[1 - \frac{(\pi - 2\alpha)n}{\pi}\right];$$

mais on a, dans le triangle rectangle qui forme la moitié du triangle au centre :

$$\cos\frac{\pi R}{D} = \cot\alpha\,\cot\frac{\pi}{2n} = \frac{\operatorname{tg}\left(\frac{\pi}{2} - \alpha\right)}{\operatorname{tg}\frac{\pi}{2n}},$$

et comme les angles $\frac{\pi}{2} - \alpha$ et $\frac{\pi}{2n}$ sont infiniment petits, on a simplement :

$$\cos\frac{\pi R}{D} = \frac{\frac{\pi}{2} - \alpha}{\frac{\pi}{2n}} = \frac{(\pi - 2\alpha)n}{\pi};$$

donc l'aire du triangle devient

$$\frac{2\,T}{n}\left(1 - \cos\frac{\pi R}{D}\right),$$

et par suite l'aire du cercle :

$$4\,T\left(1 - \cos\frac{\pi R}{D}\right);$$

mais on a trouvé au paragraphe précédent, pour cette même aire :

$$\frac{2\,D^2}{\pi}\left(1 - \cos\frac{\pi R}{D}\right),$$

donc

$$2T = \frac{D^2}{\pi}, \quad \text{d'où} \quad T = \frac{D^2}{2\pi},$$

et l'aire du triangle quelconque devient

$$\frac{D^2}{\pi^2}\,(\alpha + \beta + \gamma - \pi)$$

en géométrie doublement abstraite.

Pour passer de ce résultat à celui de la géométrie simplement abstraite, il suffit de changer D en $A\sqrt{-1}$, ce qui donne

$$\frac{A^2}{\pi^2}(\pi - \alpha - \beta - \gamma),$$

résultat que l'on pourrait aussi trouver directement. Il en résulte, conformément à ce qui a été dit au n° 17 (ch. Ier), que le plus grand triangle possible a pour aire $\dfrac{A^2}{\pi}$ (ses angles sont nuls); le triangle dont les angles sont de 30° (unité d'aire) s'exprime par $\dfrac{A^2}{2\pi}$.

Aire de la sphère. — La géométrie de la surface sphérique étant la même que la géométrie doublement abstraite du plan, l'aire d'un triangle, sur la sphère, s'exprime par

$$\frac{D^2}{\pi^2}(\alpha + \beta + \gamma - \pi),$$

D représentant ici un demi-grand cercle: mais ce demi-grand cercle a pour longueur (31) $D\sin\dfrac{\pi R}{D}$ en géométrie doublement abstraite, ou (30) $A\sin\text{hyp}\dfrac{\pi R}{A}$ en géométrie abstraite.

L'aire du triangle sphérique devient donc:

$$\frac{D^2\sin^2\dfrac{\pi R}{D}}{\pi^2}(\alpha + \beta + \gamma - \pi),$$

d'où, pour le triangle tri-rectangle:

$$\frac{D^2\sin^2\dfrac{\pi R}{D}}{2\pi},$$

et pour la sphère entière

$$\frac{4D^2\sin^2\dfrac{\pi R}{D}}{\pi}$$

dans la géométrie doublement abstraite, et

$$\frac{4A^2\text{sh}^2\dfrac{\pi R}{A}}{\pi}$$

dans la géométrie abstraite.

Dans la géométrie usitée, c'est-à-dire quand $D = A = \infty$, ou bien encore quand R est infiniment petit, ces deux expressions se réduisent à $4\pi R^2$, comme cela doit être.

Volume de la sphère. — On a, dans la géométrie doublement abstraite :

$$\text{vol. sp. } R = \int_0^R \text{surf. sp. } R\, dR = \int_0^R \frac{4D^2 \sin^2 \frac{\pi R}{D}}{\pi}\, dR$$

$$= \frac{2D^3}{\pi^2} \left(\frac{\pi R}{D} - \sin \frac{\pi R}{D} \cos \frac{\pi R}{D} \right)(^1)$$

et

$$\frac{2A^3}{\pi^2} \left(\frac{\pi R}{A} - \text{sh} \frac{\pi R}{A}\, \text{ch} \frac{\pi R}{A} \right)$$

dans la géométrie abstraite.

Dans la géométrie usitée (c'est-à-dire en faisant $D = A = \infty$), ou bien encore quand on suppose R infiniment petit, ces deux expressions se réduisent à $\frac{4}{3} \pi R^3$, comme cela doit être.

34. *Résolution d'un triangle quelconque dont on donne deux côtés et l'angle compris* (²). — Soit un triangle A B C. Du point B, abaissons sur A C la perpendiculaire BK, qui divisera A C en deux parties, b' et b''. Calculons sin BK dans le triangle BKA par la formule sin BK = sin c sin A; déduisons-en cos BK.

Alors, dans le même triangle, calculons cos b' par $\cos b' = \dfrac{\cos c}{\cos BK}$. Déduisons-en sin b'. Calculons cos b'' au moyen de la relation $b'' = b - b'$, et enfin cos a, par la formule cos a = cos b'' cos BK, laquelle donnera pour résultat :

$$\cos a = \cos b \cos c + \sin b \sin c \cos A.$$

La démonstration se ferait sans plus de difficulté si le point K tombait en dehors de A C.

(¹) $\int \sin^2 x\, dx = \frac{1}{2}(x - \sin x \cos x)$.

(²) A partir d'ici, nous nous bornons à faire les calculs dans la trigonométrie doublement abstraite et nous traduisons les résultats dans les autres systèmes, par les méthodes connues.

En trigonométrie abstraite, on a donc :

$$\operatorname{ch} a = \operatorname{ch} b \operatorname{ch} c + \operatorname{sh} b \operatorname{sh} c \cos A.$$

35. *Résolution des quadrilatères qui ont deux angles droits et dont on donne les trois côtés a, b, c, adjacents aux angles droits.* — Calcul du côté *d*.

On a (*fig.* 14) :

$$\cos d = \cos c \cos f + \sin c \sin f \cos l.$$

Mais

$$\cos f = \cos a \cos b$$

et

$$\sin b = \sin f \sin k = \sin f \cos l;$$

donc :

$$\cos d = \cos a \cos b \cos c + \sin b \sin c.$$

Ainsi, le cosinus (hyperbolique en trigonométrie abstraite) du côté inconnu est égal au produit des cosinus (ou cos. hyp.) des trois côtés donnés, augmenté du produit des sinus (ou sin. hyp.) des côtés adjacents chacun à un seul angle droit.

Mais il ne faut pas oublier, ici et plus loin, que dans ces formules (comme du reste en trigonométrie sphérique), a, b,... sont mis par abréviation pour $\frac{\pi a}{D}, \frac{\pi b}{D}$,...

36. *Résolution des quadrilatères qui ont trois angles droits et dont on donne les deux côtés a, b, adjacents chacun à deux angles droits.* — Calcul des deux autres côtés.

On a (*fig.* 15) :

$$\cos x \cos a = \cos y \cos b,$$

et d'après le théorème précédent :

$$\cos y = \cos x \cos a \cos b + \sin x \sin b.$$

On en tire aisément :

$$\operatorname{tg} y = \operatorname{tg} a \cos b.$$

Ainsi, la tangente (hyperbolique en trigonométrie abstraite) de chaque côté inconnu est égale à la tangente (ou à la tangente hyperbolique) du côté opposé, multipliée par le cosinus (ou le cos. hyp.) de l'autre côté donné.

37. *Distance de deux points en fonction de leurs coordonnées.* — Considérons un système de trois axes rectangulaires. D'un point quelconque de l'espace, abaissons trois perpendiculaires sur les axes des X, des Y et des Z. Les distances comptées depuis l'origine jusqu'aux pieds de ces perpendiculaires représenteront respectivement les trois coordonnées x, y, z du point donné. Exprimons la distance de deux points en fonction de pareilles coordonnées, en supposant d'abord, pour plus de simplicité, que les deux points donnés soient situés dans le plan XY (*fig.* 16).

On a (35) :

$$\cos \delta = \cos (x_2 - x_1) \cos \alpha \cos \beta + \sin \alpha \sin \beta,$$

et (36) :

$$\lg \alpha = \lg y_1 \cos x_1, \quad \lg \beta = \lg y_2 \cos x_2,$$

d'où :

$$\cos \alpha = \sqrt{\frac{1 + \lg^2 x_1}{1 + \lg^2 x_1 + \lg^2 y_1}}, \quad \sin \alpha = \frac{\lg y_1}{\sqrt{1 + \lg^2 x_1 + \lg^2 y_1}},$$

$$\cos \beta = \sqrt{\frac{1 + \lg^2 x_2}{1 + \lg^2 x_2 + \lg^2 y_2}}, \quad \sin \beta = \frac{\lg y_2}{\sqrt{1 + \lg^2 x_2 + \lg^2 y_2}}.$$

Observant que

$$\cos (x_2 - x_1) = \frac{1 + \lg x_1 \lg x_2}{\sqrt{(1 + \lg^2 x_1)(1 + \lg^2 x_2)}},$$

la valeur de $\cos \delta$ prend la forme :

$$\frac{1 + \lg x_1 \lg x_2 + \lg y_1 \lg y_2}{\sqrt{(1 + \lg^2 x_1 + \lg^2 y_1)(1 + \lg^2 x_2 + \lg^2 y_2)}}.$$

Supposons maintenant que les deux points donnés soient quelconques. On a (*fig.* 17) :

$$\cos \delta = \cos \delta' \cos \alpha \cos \beta + \sin \alpha \sin \beta,$$

$$\lg \alpha = \lg z_1 \cos \gamma = \frac{\lg z_1}{\sqrt{1 + \lg^2 x_1 + \lg^2 y_1}},$$

$$\cos \alpha = \sqrt{\frac{1+\lg^2 x_1 + \lg^2 y_1}{1 + \lg^2 x_1 + \lg^2 y_1 + \lg^2 z_1}};$$

$$\sin \alpha = \frac{\lg z_1}{\sqrt{1 + \lg^2 x_1 + \lg^2 y_1 + \lg^2 z_1}},$$

$$\cos \beta = \sqrt{\frac{1 + \lg^2 x_2 + \lg^2 y_2}{1 + \lg^2 x_2 + \lg^2 y_2 + \lg^2 z_2}},$$

$$\sin \beta = \frac{\lg z_2}{\sqrt{1 + \lg^2 x_2 + \lg^2 y_2 + \lg^2 z_2}}.$$

Observant, de plus, que $\cos \delta'$ a la valeur trouvée au numéro précédent, pour le cas où les deux points sont dans le plan des X Y, la valeur de $\cos \delta$ prend la forme

$$\frac{1 + \lg x_1 \lg x_2 + \lg y_1 \lg y_2 + \lg z_1 \lg z_2}{\sqrt{(1 + \lg^2 x_1 + \lg^2 y_1 + \lg^2 z_1)(1 + \lg^2 x_2 + \lg^2 y_2 + \lg^2 z_2)}}.$$

Telle est donc l'expression de la distance de deux points quel-conques, en géométrie doublement abstraite. N'oublions pas qu'en vertu de la notation abréviative adoptée, x_1 signifie $\frac{\pi x_1}{D}$, etc. [1], de sorte que l'on a réellement :

$$\cos \frac{\pi \delta}{D} = \frac{1 + \lg \frac{\pi x_1}{D} \lg \frac{\pi x_2}{D} + \lg \frac{\pi y_1}{D} \lg \frac{\pi y_2}{D} + \lg \frac{\pi z_1}{D} \lg \frac{\pi z_2}{D}}{\sqrt{\left\{\begin{array}{l} \left(1 + \lg^2 \frac{\pi x_1}{D} + \lg^2 \frac{\pi y_1}{D} + \lg^2 \frac{\pi z_1}{D}\right) \\ \times \left(1 + \lg^2 \frac{\pi x_2}{D} + \lg^2 \frac{\pi y_2}{D} + \lg^2 \frac{\pi z_2}{D}\right) \end{array}\right\}}},$$

ou :

$$\delta = \frac{D}{\pi} \arccos \frac{1 + \lg \frac{\pi x_1}{D} \lg \frac{\pi x_2}{D} + \lg \frac{\pi y_1}{D} \lg \frac{\pi y_2}{D} + \lg \frac{\pi z_1}{D} \lg \frac{\pi z_2}{D}}{\sqrt{\left\{\begin{array}{l} \left(1 + \lg^2 \frac{\pi x_1}{D} + \lg^2 \frac{\pi y_1}{D} + \lg^2 \frac{\pi z_1}{D}\right) \\ \times \left(1 + \lg^2 \frac{\pi x_2}{D} + \lg^2 \frac{\pi y_2}{D} + \lg^2 \frac{\pi z_2}{D}\right) \end{array}\right\}}},$$

comme cela a été annoncé au n° 14 du chapitre Ier.

---

[1] C'est pour cela que nous avons pu négliger les doubles signes dans tout ce qui précède.

Les calculs de ce n° 37 peuvent être exécutés, dans la géométrie abstraite, sans autres changements que ceux dont on a parlé au n° 32; on peut aussi, conformément à une règle établie une fois pour toutes, se borner à remplacer dans les résultats D par A $\sqrt{-1}$. On obtient alors, pour la distance de deux points :

$$\delta = \frac{A}{\pi}\,\text{arc cos hyp}\,\frac{1-\text{th}\frac{\pi x_1}{A}\,\text{th}\frac{\pi x_2}{A}-\text{th}\frac{\pi y_1}{A}\,\text{th}\frac{\pi y_2}{A}-\text{th}\frac{\pi z_1}{A}\,\text{th}\frac{\pi z_2}{A}}{\sqrt{\left(1-\text{th}^2\frac{\pi x_1}{A}-\text{th}^2\frac{\pi y_1}{A}-\text{th}^2\frac{\pi z_1}{A}\right)\times\left(1-\text{th}^2\frac{\pi x_2}{A}-\text{th}^2\frac{\pi y_2}{A}-\text{th}^2\frac{\pi z_2}{A}\right)}},$$

comme cela a été annoncé au n° 14.

Si l'on fait $D = \infty$ ou $A = \infty$, les deux valeurs ci-dessus de δ se réduisent, comme cela doit être, à

$$\sqrt{(x_1 - x_2)^2 + (y_1 - y_2)^2 + (z_1 - z_2)^2}.$$

CHAPITRE V.

Mécanique.

§ 1er. — *Motifs de l'abandon des systèmes plus compliqués*
que le système usuel.

1. Les études précédentes nous ont montré que le système de
géométrie correspondant à la réalité physique, s'il existe rigoureusement, ne peut être que l'un des trois systèmes d'Euclide,
de Riemann ou de Gauss.

Si l'on veut, comme nous l'avons toujours supposé jusqu'ici,
qu'il existe un système de géométrie constamment applicable à
toutes les parties de l'espace, une seule des géométries précédentes
sera réelle avec une seule valeur du paramètre, bien que les
autres existent toujours dans l'analyse et soient même suscepti-
bles d'une interprétation géométrique. Si, au contraire, on
prétendait que l'espace n'est pas homogène, c'est-à-dire que sa
géométrie n'est pas la même dans toutes ses parties (¹), on
pourrait supposer que la fonction-distance (ou son paramètre)
changeât d'une partie à l'autre de l'espace, même jusqu'à devenir
absolument locale; ou pourrait aussi imaginer que cette fonction
(ou son paramètre) fût variable avec le temps (²) même jusqu'à
devenir absolument instantanée; ou bien encore qu'en certains
lieux et dans certains intervalles de temps, il n'existât point de
géométrie rigoureuse.

Toutes les théories précédentes ne seraient alors applicables
qu'à des parties déterminées de l'espace, ou à des époques déterminées, mais ne s'établiraient pas moins pour ces lieux et pour

---

(¹) Comme sur une surface formée de portions de sphères, de plans, etc.
(²) Comme sur une surface élastique qui se déformerait, en passant, par exemple,
du plan à la sphère.

ces époques, d'une manière analogue à ce qui a été indiqué précédemment pour le cas d'une géométrie générale, applicable à tous les lieux et à tous les temps.

La restriction consistant à ne pas pouvoir sortir d'un temps déterminé n'apporterait aucun changement à notre exposition, car nous y avons fait abstraction du temps; celle de ne pas pouvoir sortir d'un espace limité nécessiterait quelques modifications de détail, dont l'importance n'est pas suffisante pour que nous nous y arrêtions ici.

2. Sortant des abstractions, et rentrant dans la réalité physique, l'expérience nous montre d'abord qu'il existe une géométrie, applicable partout et toujours, c'est-à-dire que toutes les mesures directement prises vérifient l'une des géométries qui sont théoriquement possibles. Elles les vérifient même toutes les trois, dans les limites de nos moyens de mesure, c'est-à-dire qu'elles s'adaptent sans restriction aux formules de la géométrie euclidienne, et répondent aussi aux autres formules, à condition que A soit pris très grand dans celles de la géométrie abstraite, ou D très grand dans la géométrie doublement abstraite. Or c'est en rendant ces paramètres infinis que les formules de ces deux dernières géométries se changent en celles de la géométrie usitée et l'expérience directe ne donnera peut-être jamais de résultats assez précis pour indiquer si A ou D est réellement infini ou seulement très grand (en d'autres termes, si $\frac{1}{A}$ ou $\frac{1}{D}$ est absolument nul, ou seulement très petit).

Le moyen le plus simple de se représenter la mesure précise du paramètre A ou D est le suivant :

Les angles d'un triangle, et par conséquent aussi leur somme, s'expriment en fonction des côtés par les formules du n° 34 (ch. IV). Réciproquement, ayant mesuré les côtés et la somme des angles, ces formules pourront servir à déterminer le paramètre A ou D. Si l'on fait la somme des angles égale à deux droits, on trouve $A = \infty$, ou $D = \infty$.

On voit aussi par ces formules, ce qui du reste a déjà été dit, que l'écart entre la somme des angles et deux angles droits augmente avec la longueur des côtés, de sorte que si cet écart existait dans la nature, c'est dans les plus grands triangles qu'il se manifesterait le mieux. Or, dans les plus grands triangles dont on ait pu mesurer les angles, on n'a jamais trouvé la moindre différence entre leur somme et deux angles droits; d'où l'on doit conclure que si, rigoureusement parlant, la vraie géométrie était celle de Gauss ou celle de Riemann, du moins le paramètre A ou D serait tellement grand, que les résultats pratiques coïncideraient exactement avec ceux que l'on tirerait de la géométrie d'Euclide. Cette dernière peut d'ailleurs être aussi la seule vraie; donc elle suffit, dans tous les cas, à tous les besoins, et étant beaucoup plus simple que les autres, elle doit logiquement être adoptée.

3. C'est pourquoi nous écarterons, d'une manière définitive, à partir de ce moment, les autres systèmes, bien qu'il soit évidemment possible d'en poursuivre l'exposition dans la mécanique.

Si nous avons cru devoir entrer dans d'assez grands détails sur ces systèmes en géométrie, c'est que cela était nécessaire pour arriver à la détermination logique des véritables axiomes et à leur emploi le plus rationnel, dans lesquels nous avions à proposer des changements, qui ne pouvaient être complètement justifiés que par l'étude des géométries non usuelles; en mécanique, au contraire, nous nous accordons, sauf une divergence légère qui ne dépend pas des questions traitées en géométrie (voyez § 3), avec presque tous les auteurs les plus récents et les plus estimés, sur le nombre et la nature des axiomes à admettre.

Aucun doute ne s'élèvera sur la question de savoir si les trois systèmes de géométrie peuvent être continués dans la mécanique. Nous renverrions d'ailleurs, au besoin, à nos études de mécanique abstraite [1] ou bien aux études plus complètes et plus profondes de M. Lipschitz [2]. Aucun doute ne s'élèvera, non plus, sur

[1] Mém. cour. et autres mémoires publiés par l'Académie Royale de Belgique, in-8°, t. XXI.
[2] Bulletin des Sc. math. et astr., 1873.

l'impossibilité de démontrer directement les axiomes conservés en mécanique, ni sur l'impossibilité de faire servir ceux-ci à en supprimer un ou plusieurs en géométrie (¹).

Nous considérons donc tout emploi ultérieur des deux géométries abstraites comme inutile, tandis que dans les chapitres précédents, au contraire, cet emploi était indispensable pour l'établissement rationnel des principes mêmes de la géométrie usitée.

§ 2. — *Sur la notion de vitesse et sur quelques points de la cinématique.*

4. Les notions premières que la mécanique ajoute à celles dont on s'est servi en géométrie sont les notions du temps, de la vitesse, du point matériel, de la force et de la masse.

Nous avons déjà parlé de la *notion du temps* au premier paragraphe du chapitre Iᵉʳ.

Les *notions de force et de masse* ne sont introduites qu'en statique et en dynamique. Il en sera question au § 3.

Quant à la *vitesse*, elle n'est pas introduite ordinairement comme notion première, mais définie comme limite d'un rapport (²).

Cette manière de procéder nous paraît devoir être conservée, contrairement à l'idée de Lamarle, qui faisait de la vitesse une notion première, dont il se servait ensuite pour définir les dérivées des fonctions. Mais il ne faut pas dissimuler que la définition de la vitesse est alors basée sur un véritable axiome (ou postulat) que nous énoncerons comme suit (après avoir établi la *notion du point matériel,* comme dans la mécanique de M. Gilbert).

(¹) Questions discutées dans les mémoires que nous venons de mentionner.

(²) Voyez, par exemple, le récent et excellent *Cours de mécanique* de M. Gilbert, p. 8. Nous prendrons ce cours pour base, ou pour point de repère, dans les observations que nous avons à présenter sur la mécanique; c'est-à-dire que nous y considérons comme ne laissant rien à désirer, au double point de vue de la rigueur et de la méthode, les parties sur lesquelles nous ne présentons pas d'observations.

La ligne décrite par un point *matériel* en mouvement ([1]) jouit de la propriété d'avoir en chacun de ses points une tangente et un cercle osculateur entièrement déterminés; de plus la vitesse $\frac{ds}{dt}$ et l'accélération tangentielle $\frac{d^2s}{dt^2}$ sont aussi entièrement déterminées. Il ne peut y avoir exception que pour la tangente et le cercle osculateur, et seulement en des points singuliers où la vitesse est nulle.

En cinématique, où les masses n'entrent pas, il faut poser la restriction que l'on ne s'occupe que de points mobiles jouissant des propriétés que nous venons d'admettre; car un point géométrique, se mouvant suivant une loi absolument quelconque, ne les possède pas nécessairement.

En d'autres termes, un point matériel ne peut pas représenter, par son mouvement, la marche d'une fonction absolument quelconque, même continue, puisque l'on sait former des fonctions continues qui ne jouissent pas des propriétés mentionnées ci-dessus.

Par sa définition de la dérivée, Lamarle restreignait donc, sans le savoir, le calcul différentiel à l'étude des fonctions dont la marche peut être représentée par le mouvement d'un point matériel. Il est vrai que ce sont les plus utiles.

5. Pour terminer ce paragraphe, relatif à la cinématique, nous signalerons, dans la cinématique de M. Gilbert, une lacune, d'ailleurs facile à combler. L'auteur fait observer avec raison (p. 21) que l'étude des mouvements plans conduit à des relations utiles dans la théorie des organes mécaniques. Le principe de cinématique sur lequel repose toute la théorie des engrenages n'est pas mentionné. Voici comment nous l'exposerions à la suite du numéro 20.

([1]) On pourrait demander par rapport à quel système de comparaison ce point matériel décrit la ligne en question, car un point décrit telle ou telle trajectoire, suivant que l'on considère son mouvement relatif par rapport à tel ou tel système. On peut répondre que c'est par rapport à un système invariable *matériel* quelconque. L'explication complète du fait sera donnée au § 3.

Lorsque deux courbes se meuvent dans un plan en restant constamment tangentes, le point de contact, considéré comme appartenant à l'une de ces courbes, a sa vitesse relative par rapport à l'autre dirigée suivant la tangente commune, sans quoi les deux courbes se pénètreraient ou se détacheraient.

Or, la vitesse absolue de ce point doit être la résultante de cette vitesse relative et de sa vitesse d'entraînement, laquelle n'est que la vitesse absolue du point de contact, considéré comme appartenant à l'autre courbe. Il en résulte que les deux vitesses absolues des points de l'une et de l'autre courbe, actuellement en contact, ont même projection sur la normale commune, ce qui permet de déterminer l'une de ces vitesses quand on connaît l'autre. Si, par exemple, les deux courbes étaient assujetties à tourner autour de deux points fixes, on déduirait immédiatement de la proposition précitée, que les deux vitesses angulaires de rotation sont en raison inverse des segments déterminés, sur la ligne des centres, par la normale commune.

§ 3. — *Sur l'axiome de l'inertie* ([1]).

6. L'axiome de l'inertie est intimement lié à la notion de la force et les deux idées sont présentées simultanément par les meilleurs auteurs.

Tous étant à peu près d'accord sur leur énoncé, nous prendrons celui-ci dans la mécanique de M. Gilbert. « Un point matériel est incapable de modifier par lui-même la vitesse dont il est animé et il a besoin pour cela de l'action d'une cause extérieure à lui... Cette cause... nous l'appelons *force.* »

Il y a, dans cet énoncé, deux idées bien distinctes : 1° le point

---

([1]) Nous n'employons, pour désigner les propositions de la mécanique, que les mots *axiome* ou *théorème.* On donne parfois indifféremment le nom de principe à ces deux catégories de propositions. Exemples : le principe (au lieu de axiome) de l'inertie; le principe (au lieu de théorème) des forces vives. On applique, malgré soi, dit Bour, le nom de principes à certaines propositions capitales. Par cela même que le mot *principe* peut éveiller une idée fausse, nous le supprimons partout.

matériel n'agit pas sur lui-même; 2° les forces sont des causes qui agissent sur lui pour modifier sa vitesse.

7. La première de ces idées ne paraît pas avoir une bien grande utilité, car l'objet principal de la mécanique est d'étudier le mouvement que prennent les corps dans des conditions déterminées, c'est-à-dire, le plus souvent, sous l'action de forces données, mais non de rechercher l'origine de ces forces. Du moment qu'une force agit réellement sur un point matériel, il importe assez peu à la mécanique rationnelle que cette force *provienne* de ce point ou d'un autre; ce qui, d'ailleurs, n'a peut-être pas une signification tout à fait claire. L'essentiel est de ne pas se mettre en contradiction avec l'axiome de l'action et de la réaction. D'après ce dernier, toutes les fois qu'un point matériel A exerce sur un autre point matériel B une action quelconque, réciproquement le point B exerce sur le point A une action égale et directement opposée. L'action et la réaction sont, de plus, dirigées suivant la droite qui passe par les points A et B.

Or, les points B et A étant absolument quelconques, on peut supposer, à la limite, qu'il s'agisse d'un seul et même point et alors son action et sa réaction se détruisent.

En d'autres termes, l'axiome de l'action et de la réaction peut s'énoncer comme suit : Dans un système de points matériels, l'existence d'une force intérieure quelconque entraîne l'existence d'une force égale et opposée. Le point d'origine et le point d'application de la première sont respectivement le point d'application et le point d'origine de la seconde.

Ainsi énoncé, le troisième axiome contient évidemment le premier, puisque si un point exerçait sur lui-même une certaine force, il devrait, en vertu du principe, en exercer une autre qui détruirait la première. Il en résulterait aussi qu'entre deux points différents, les deux forces sont dirigées suivant la droite qui unit le point d'application au point d'origine [1].

---

[1] Nous convenons, du reste, que ceci est, au fond, une question de mots; mais pourquoi conserver trois axiomes, dont l'un, convenablement énoncé, contient l'un des autres?

8. Il faut discuter maintenant la seconde partie de l'axiome : une
force est la cause qui agit sur un point matériel pour modifier sa
vitesse (en grandeur et en direction), c'est-à-dire pour l'empêcher,
soit de rester immobile, soit de décrire une droite d'un mouvement uniforme. Mais par rapport à quoi resterait-il immobile?
Par rapport à quel système décrirait-il une droite d'un mouvement
uniforme ([1])? C'est, répondra-t-on d'abord avec Duhamel, par
rapport à un système de comparaison quelconque. Nous
l'admettons, mais alors il ne s'agit que des *forces relatives* à ce
système ([2]). N'y a-t-il rien de plus?

M. Gilbert dit (p. 70) que l'on a été conduit à attribuer
l'immobilité au système des étoiles fixes et c'est à ce système
qu'il rapporte les mouvements absolus (et par conséquent les
forces absolues).

Dans les applications usuelles, on peut rapporter les mouvements et les forces à la terre; dans des observations plus délicates,
comme celles qui sont relatives au mouvement diurne ou à
l'astronomie en général, il faut rapporter les mouvements à un
système *plus immobile*, celui des étoiles fixes; mais théoriquement on peut supposer (et l'expérience le confirmera peut-être un
jour) que ce système-là n'est pas encore absolument immobile. Une
fois admis, comme M. Gilbert l'admet, qu'un système immobile
est celui par rapport auquel les axiomes de la dynamique se
réaliseraient d'une manière absolue, on peut en donner une
définition plus complète, et il paraît d'autant plus utile d'entrer
dans ces considérations que certains passages de Duhamel,
entendus dans un sens littéral, conduiraient à nier la possibilité
de comprendre autre chose que le mouvement et le repos relatifs.

« Pour nous, » dit ce géomètre ([3]), « le repos absolu est, non
plus une chose impossible à reconnaître, mais tout simplement
un non-sens, car ce serait la coïncidence avec les mêmes points

---

([1]) Tout point décrit une droite d'un mouvement uniforme, pourvu que cette
droite elle-même possède un mouvement convenable.

([2]) Ou *forces apparentes*, comme les appellent Bour et M. Resal.

([3]) *Des Méthodes dans les sciences de raisonnement*, t. IV, p. 224.

immobiles de l'espace, auxquels nous n'accordons aucune existence, et dont la fixité prétendue est une chimère, dont la simple notion ne pourrait être ni définie ni sentie, c'est-à-dire ne pourrait s'acquérir ni par l'esprit ni par les sens.

» On ne pourrait en effet définir l'immobilité de ces points qu'en l'admettant déjà dans d'autres, c'est-à-dire par un cercle vicieux. Et quant à l'évidence obtenue par les sens, on ne peut l'invoquer, puisque les hommes n'aperçoivent que des repos ou mouvements relatifs, de sorte que la conception de repos ou de mouvement absolu, loin de pouvoir être rangée parmi les idées premières, admises par le sentiment de l'évidence, ne serait qu'une vague rêverie dont le fond serait un cercle vicieux.

» Abandonnons donc cette fausse notion, dont l'inutilité est d'ailleurs évidente, car tous les principes que l'on établirait en l'admettant ne pourraient jamais être fondés que sur des observations et des expériences relatives. Et à quoi bon partir du relatif pour établir par induction un absolu imaginaire, d'où l'on tirerait des principes applicables au relatif, qui est la seule chose réelle? Ne vaut-il pas mieux, après avoir établi les principes sur le relatif, les appliquer directement au réel, sans remonter à un absolu fantastique, pour l'abandonner immédiatement après? »

Il semble que, dans ce passage, Duhamel ait voulu dire, non seulement que l'immobilité n'existe nulle part dans l'univers matériel, mais en outre qu'il est même impossible de la concevoir et de la définir scientifiquement. Or, il suffirait évidemment de la concevoir et de la définir pour pouvoir introduire en mécanique un système d'axes *immatériels*, invariables et immobiles, auxquels on rapporterait tous les mouvements, sans prétendre pour cela que certains points matériels partagent l'immobilité de ces axes.

9. La définition d'un système immobile comprendrait deux définitions : celle d'un système sans translation et celle d'un système sans rotation.

Sur le premier point, nous nous rangeons à l'avis de Duhamel.

Il est impossible, à l'aide des notions généralement admises (¹), de définir un système sans translation. En translation, tout est relatif, le mouvement et le repos absolu sont indéfinissables pour nous.

10. En rotation, il n'en est pas de même, car si tout y était relatif, que signifieraient les expériences du corps tombant librement (mines de Freiberg) du pendule de Foucault et du gyroscope?

Qu'entendrait-on par la manifestation dynamique du mouvement diurne du globe?

La question de savoir si c'est la terre ou si c'est le système des étoiles fixes qui tourne serait une question vide de sens, si l'on ne comprenait que les mouvements relatifs (²). On répondrait que chacun des deux tourne par rapport à l'autre, et c'est tout ce que l'on pourrait savoir.

Évidemment, il n'en est pas ainsi. En géométrie et en cinématique, il est impossible de définir le mouvement absolu; mais les notions dynamiques, c'est-à-dire celles de masse et de force, nous en fournissent le moyen.

Nous concevons que des forces s'exercent sur tel ou tel point matériel, indépendamment des mouvements que ces forces déterminent par rapport à tel ou tel système de comparaison (³).

(¹) On verra plus loin qu'au moyen d'une notion qui n'est pas généralement admise, on pourrait arriver à cette définition.

(²) Il en est tout autrement de la question de savoir si c'est la terre qui tourne autour du soleil, c'est-à-dire qui possède un mouvement de *translation* autour du soleil, ou bien si c'est le soleil qui possède le mouvement correspondant autour de la terre. Cette question, comme toutes celles qui se rapportent à la translation, ne se résout qu'en mouvement relatif, par rapport au système des étoiles fixes.

(³) Plusieurs géomètres rejettent cette conception de la force comme grandeur *à priori*. Pour eux, la force n'est que le produit d'une masse par une accélération géométrique, de même que la vitesse, la force vive, la quantité de mouvement, sont définies aujourd'hui par de simples produits ou quotients. Mais nous ne croyons pas pouvoir nous rallier à cette idée pour les raisons suivantes :

1° Elle n'explique pas ce que l'on entend par des forces se faisant équilibre, et ne produisant actuellement aucune accélération.

2° Quant on rejette l'idée de force, on est obligé d'introduire une idée spéciale pour définir la masse, et la notion de masse ne nous paraît pas beaucoup plus simple que celle de force.

3° Nous ne voyons pas clairement comment on remplace, dans ce système, les actions moléculaires et la gravitation universelle.

4° Enfin, sans la notion première de la force, nous ne voyons plus le moyen

Nous concevons aussi qu'un point soit libre, c'est-à-dire débarrassé de l'action de toute force.

Considérons trois points libres A, B, C, et construisons un trièdre tri-rectangle (système invariable) par rapport auquel les points A, B, C, aient respectivement pour coordonnées à l'origine X_1, Y_1, Z_1; X_2, Y_2, Z_2; X_3, Y_3, Z_3. Appelons x_1, y_1, z_1; x_2, y_2, z_2; x_3, y_3, z_3 les composantes des vitesses respectives de A, B, C, suivant les trois axes, lesquelles composantes doivent être constantes si les axes sont immobiles, et même s'ils ne possèdent qu'une translation uniforme. Supposons qu'il en soit ainsi, et cherchons à déterminer la position que le trièdre devra prendre à chaque instant pour jouir de cette propriété.

Après le temps t, les coordonnées seront devenues $X_1 + x_1 t$, etc.; et la grandeur des trois distances A B, B C, A C, que l'on peut mesurer, fournira trois équations entre les six inconnues $x_2 - x_1, x_3 - x_1, y_2 - y_1, y_3 - y_1, z_2 - z_1, z_3 - z_1$. Opérant de même après le temps t', on aura en tout six équations, d'où l'on déduira les six inconnues.

Il est évident que les équations que l'on pourrait ajouter, en continuant à raisonner de même, rentreraient dans celles-ci. Il est évident, aussi, par la forme des équations, qu'elles ne se prêteront jamais qu'à déterminer les différences des vitesses et non les vitesses elles-mêmes. Mais puisque le système invariable des axes peut avoir une translation régulière quelconque, sans que les vitesses $x_1, \ldots z_3$ cessent d'être constantes, nous pouvons choisir arbitrairement les trois vitesses x_1, y_1, z_1 et les autres se trouvent déterminées.

A partir de ce moment et pour toutes les positions suivantes des points libres (¹), on pourra déterminer à chaque instant leurs coordonnées, et on en déduira la position de chaque plan de

de définir le mouvement absolu et l'immobilité, même en rotation, et sans ces dernières définitions, les explications données des expériences relatives au mouvement diurne du globe nous paraissent manquer de base.

(¹) Non pas pour les positions précédentes, car celles-ci n'ont laissé aucune trace dans l'espace absolu.

projection en menant un plan tangent commun à trois sphères ([1]).

On conduira le trièdre invariable dans l'espace, de manière à le faire coïncider à chaque instant avec celui que la construction précédente déterminerait et on aura ainsi obtenu un *système invariable immobile sous le rapport de la rotation*, et n'ayant d'ailleurs qu'une translation uniforme. C'est par rapport à ce système que *tout point matériel libre* décrit une ligne droite d'un mouvement uniforme, et c'est par rapport à lui que nous évaluons les rotations absolues.

Sans doute, nous ne pouvons pas réaliser cette expérience à la surface de la terre, parce que nous n'y disposons pas de points matériels absolument libres; mais, ayant conçu de cette manière l'existence d'un système sans rotation, par rapport auquel les lois de la dynamique sont absolument vraies (du moins c'est là le sens précis de notre hypothèse), nous pourrons comprendre que plus ces lois s'approcheront d'être vérifiées pour un certain système invariable donné, plus ce système se rapprochera d'être un système sans rotation et à translation uniforme, d'après la définition précédente. C'est dans ce sens qu'il faut comprendre que le système des étoiles fixes est le plus immobile que nous connaissions.

11. Il ne faut pas songer, d'ailleurs, à définir d'une manière analogue un système sans translation, puisque, non-seulement les points libres décrivent des droites par rapport à tous les systèmes sans rotation et à translation uniforme, mais encore l'accélération qu'une force communique à un point matériel reste la même par rapport à tous ces systèmes. La dynamique rationnelle ne nous donne donc pas le moyen de comprendre l'immobilité et le mouvement en translation, mais bien en rotation ([2]).

([1]) On trouvera toujours deux plans tangents, mais l'un des deux sera écarté par cette considération que les trois plans coordonnés doivent être perpendiculaires entre eux. D'ailleurs, rien n'empêcherait de prendre plus de trois points libres.

([2]) En thermodynamique, on considère les forces vives ou les énergies que les points matériels possèdent, sans indiquer nettement par rapport à quel système invariable ces forces vives sont mesurées. Tant qu'il s'agit d'expériences terrestres, on peut supposer que ces forces vives soient mesurées par rapport à la terre, et appuyer cette manière de voir sur la concordance entre les résultats qu'on obtient

12 La propriété des points matériels signalée au n° 4 doit être admise comme rigoureusement vraie par rapport au système sans rotation et à translation uniforme que nous avons trouvé. Il en résulte qu'elle est vraie aussi par rapport à un système matériel quelconque, mais on conçoit qu'il n'en puisse être ainsi par rapport à un système invariable animé d'un mouvement absolument arbitraire.

13. En résumé, l'axiome de l'inertie comprend deux idées distinctes, outre la notion de la force absolue et la définition de la force relative : l'une doit être englobée dans l'axiome de l'action et de la réaction; l'autre consiste, au fond, dans la définition des systèmes sans rotation et à translation uniforme ([1]).

Rien n'empêche maintenant de considérer, parmi ces systèmes, celui qui a pour translation uniforme la translation moyenne des étoiles fixes; c'est à ce système, dont la position dans l'espace est ainsi déterminée à chaque instant, qu'il faut rapporter les mouvements absolus, les directions et les forces absolues, notamment pour l'intelligence complète des deux autres axiomes. On a déjà vu, en cinématique, comment il faut entendre les mouvements relatifs et les directions relatives, et l'on apprendra plus loin à calculer les forces relatives en fonction des forces absolues.

---

et l'expérience directe. Mais cette garantie fait défaut lorsque l'on veut appliquer les lois de la thermodynamique au système de l'univers. Quelques géomètres ont proposé de considérer la force vive comme une notion première, ce qui résoudrait la question du système sans translation. Nous ne croyons pas devoir nous y arrêter, parce que l'expérience directe n'a pas encore révélé la nécessité d'une pareille conception, tandis qu'elle a révélé la nécessité de définir un système immobile en rotation. Observons d'ailleurs que, si la notion de force ne suffit pas pour définir l'immobilité en translation, réciproquement celle de force vive ne suffit pas à elle seule pour définir l'immobilité en rotation, à moins qu'on n'y ajoute la notion première de *direction dans l'espace absolu*, plus complexe et moins admissible que toutes les autres, ou, si l'on veut, équivalente à la notion de l'immobilité en rotation.

([1]) Dans la construction que nous avons faite plus haut, l'axiome ou le postulat de l'inertie se manifeste par cette circonstance que, quel que soit le nombre des points libres, toutes les sphères décrites de ces points, au temps t, avec des rayons respectivement égaux à l'une des coordonnées de ces points, $X + xt$ par exemple, auront un plan tangent commun.

§ 4. — *Sur le théorème des vitesses virtuelles.*

14. Pour les forces agissant sur un seul point matériel, le théorème des vitesses virtuelles est une conséquence immédiate de la composition des forces concourantes (érigée aujourd'hui en axiome). On pourrait aussi le démontrer directement, d'après Lagrange, et en déduire la propriété de la composition statique des forces concourantes, mais on n'y gagnerait rien, parce qu'il faudrait toujours admettre ce principe dans son sens dynamique, ou quelque chose d'équivalent.

15. Si l'on considère *toutes* les forces agissant sur un système en équilibre, sans exception, l'équation des vitesses virtuelles, pour le système entier, s'obtient en faisant la somme des équations relatives à chaque point.

Mais, sous cette forme, le principe ne servirait presque à rien et la question est précisément de savoir quelles sont les forces que l'on peut négliger dans l'équation.

16. A cet effet, on divise d'abord les forces en *forces directement appliquées*, lesquelles sont extérieures, généralement connues, et entièrement indépendantes du mouvement initial que le système prendra (ainsi que des forces qui serviront à produire ce mouvement) ; *forces de liaison*, lesquelles sont intérieures (actions de points matériels les uns sur les autres), ou extérieures (réactions de courbes ou de surfaces extérieures), généralement inconnues, et peuvent dépendre du mouvement que le système prendra et des forces qui auront servi à produire ce mouvement.

Les forces directement appliquées doivent entrer dans l'équation et il ne s'agit que de savoir lesquelles, parmi les forces de liaison, peuvent être omises (les autres seront considérées comme forces directement appliquées).

La règle générale est évidemment que l'on peut omettre les forces dont les travaux sont nuls et celles dont les travaux se compensent ; mais, dans chaque cas particulier, il faut examiner avec soin si les forces de liaison satisfont à ces conditions, avant de négliger ces forces.

17. La question a été résolue de trois manières différentes :

1° En établissant d'abord le principe pour le cas où l'on considère toutes les forces, et en indiquant le plus grand nombre possible de cas particuliers où les travaux des forces non directement appliquées sont nuls ou se compensent ;

2° Au moyen de démonstrations analytiques générales ;

3° Au moyen de démonstrations mécaniques générales.

18. La première méthode est généralement adoptée aujourd'hui par les auteurs et elle l'est en particulier par M. Gilbert. Elle est simple et correcte, mais manque de généralité. Voici, sous une forme nette, les cas, cités par la plupart des auteurs, dans lesquels les forces de liaison peuvent être négligées.

Forces intérieures. — a. Les actions mutuelles des points matériels d'un solide faisant partie du système donné.

b. Les tensions des divers éléments d'un fil flexible, mais inextensible, reliant les points du système en passant sur des poulies de renvoi, etc., sans frottement.

c. Les actions mutuelles de certains points du système et de certaines courbes ou surfaces, fixes ou mobiles, sans résistance tangentielle, faisant aussi partie du système et sur lesquelles les premiers sont assujettis à rester.

d. Les actions mutuelles de surfaces faisant partie du système et d'autres surfaces, fixes ou mobiles, faisant aussi partie du système, et avec lesquelles les premières sont assujetties à rester en contact sans résistance tangentielle.

e. Les actions mutuelles de surfaces faisant partie du système, et de points fixes qui en font aussi partie, sans réaction tangentielle.

Forces extérieures. — a. Les réactions subies par des points du système, assujettis à rester sur des courbes ou des surfaces fixes, ne faisant pas partie du système et sans réaction tangentielle.

b. Les réactions subies par des surfaces faisant partie du système et assujetties à rester en contact avec des surfaces fixes ou à passer par des points fixes, n'appartenant pas au système et sans résistance tangentielle.

Au contraire, dans les deux cas suivants : le frottement tangentiel et la déformation d'un lien élastique, on voit clairement que les forces de liaison correspondantes, intérieures ou extérieures, doivent entrer dans l'équation d'équilibre.

En général, toutes les forces non explicitement mentionnées comme pouvant être négligées doivent entrer dans les équations du théorème des vitesses virtuelles et doivent par conséquent être connues pour l'application de ce théorème, à moins que celui-ci ne serve précisément à les déterminer.

19. Les démonstrations plus générales présentent d'ordinaire cet inconvénient que l'on ne voit pas bien comment on y exclut les cas où le principe est inapplicable et comment on peut affirmer en même temps qu'on n'y exclut pas d'autres cas.

20. Les démonstrations analytiques, dans lesquelles les liaisons sont représentées par des équations, sont sujettes encore à une autre objection.

Duhamel, qui avait démontré de cette manière le principe général dans sa *Mécanique*, se rétracta un quart de siècle après, dans son ouvrage sur les *Méthodes dans les sciences de raisonnement*, en ces termes [1] : « Les auteurs de traités de mécanique ont admis jusqu'à nous que lorsque, par l'effet des liaisons, un point ne peut se déplacer qu'en restant sur une courbe ou sur une surface idéale déterminée, on pouvait supprimer ces liaisons en donnant une existence réelle au lieu purement idéal de ses déplacements possibles, et assujettissant le point à y rester, avec la possibilité de s'y déplacer librement. Nous avons pensé que ce principe ne pouvait être admis, ni de lui-même, ni comme résultat de l'expérience.

» Certainement, bien des formes de liaison peuvent donner un même lieu pour le déplacement géométrique d'un point; mais peuvent-elles se remplacer dans les questions qui dépendent de

____

(1) T. IV, p. 143.

l'étude des forces, parce qu'elles le peuvent dans les questions de
géométrie? Cette confusion des sciences nous a paru peu philosophique et nous l'avons rejetée.

» Quant à l'expérience, elle est impropre à l'établissement d'un
principe indépendant de la forme des liaisons, qui peut varier à
l'infini, et que l'on ne pouvait vérifier que dans un nombre
limité de cas. »

C'est probablement dans le même sens que Gauss et Jacobi
considéraient le théorème des vitesses virtuelles comme impossible à démontrer.

21. Restent les démonstrations mécaniques générales, dont la
plus remarquable (par les poulies mouflées) est due à Lagrange,
et a été reproduite par Poisson dans son traité de mécanique.
Ces démonstrations sont ordinairement abandonnées aujourd'hui,
sans doute à cause du défaut général signalé plus haut.

Nous essaierons toutefois de présenter la démonstration de
Lagrange sous une forme précise, ne donnant plus prise à cette
objection, et montrant le vrai criterium de l'application du
principe.

22. *a.* Le théorème des vitesses virtuelles comprenant l'énoncé
direct et sa réciproque, est *toujours* vrai, pour un système
quelconque, lorsqu'on introduit *toutes* les forces agissant sur ce
système.

Dans les paragraphes suivants, on supposera, au contraire,
qu'on n'introduise que les forces directement appliquées et qu'on
fasse abstraction des forces de liaison, ou d'un certain nombre de
ces forces (les autres étant alors remplacées par des forces directement appliquées).

b. La réciproque du théorème des vitesses virtuelles, ainsi
entendu, est toujours vraie, pourvu qu'en enlevant les forces
directement appliquées (ou celles dont on tient compte dans
l'équation), l'équilibre subsiste dans le système.

c. L'énoncé direct du théorème exige d'abord la même
condition que la réciproque, et il est vrai alors pour tous les
déplacements jouissant, non-seulement de la propriété d'être

compatibles avec les liaisons, mais aussi de la propriété de pouvoir être produits, dans un sens ou dans l'autre, par l'augmentation ou la diminution, aussi faible que l'on veut, de l'une des forces directement appliquées, après que les autres déplacements auront été rendus impossibles par des liaisons nouvelles, convenablement choisies et ne troublant pas l'équilibre.

23. Voilà, pensons-nous, un énoncé clair du théorème, faisant reconnaître tout de suite les cas où ce théorème est partiellement en défaut, et la cause de ce fait.

Si, en enlevant les forces appliquées, le système se met en mouvement, il est clair que ce mouvement peut être arrêté par un système de forces qui, pris isolément, n'est pas en équilibre; et dans cette hypothèse, ni le principe ni sa réciproque ne peuvent se vérifier. On peut réaliser ce cas au moyen de liens élastiques.

Si l'on ne peut pas réduire les déplacements possibles à un seul sans troubler l'équilibre, la proposition directe ne peut pas être vraie; car si elle l'était, on en déduirait ensuite, au moyen de la réciproque, que nous démontrons en premier lieu, l'existence de l'équilibre; et si, après avoir ainsi réduit les déplacements à un seul, une augmentation ou une diminution de l'une des forces appliquées ne troublait pas l'équilibre (comme dans le cas du frottement, par exemple), l'équation des vitesses virtuelles ne pourrait évidemment être vraie à la fois pour les deux équilibres obtenus, avant et après cette augmentation ou cette diminution. Elle serait donc généralement en défaut et vraie seulement dans des cas particuliers.

On voit donc pourquoi le frottement et l'élasticité sont exclus, mais notre énoncé a l'avantage d'être général et de renfermer aussi tous les autres cas d'exclusion possibles, quelles que soient les liaisons.

Ainsi, les conditions posées sont bien nécessaires et il ne s'agit plus que de démontrer qu'elles sont suffisantes.

24. Pour le démontrer, il convient d'établir d'abord la réciproque du théorème, et cette réciproque s'établira d'après Lagrange.

Observons que le fait sur lequel Lagrange se base ici, à savoir

« qu'un poids librement suspendu ne peut déterminer un mouvement qu'en se mouvant lui-même » est un fait évident, ne compor-
tant ni objections, ni exceptions; tandis que le fait admis par
l'illustre auteur dans la démonstration de l'énoncé direct a un tout
autre caractère.

Il admet qu'un poids, étant la seule force directement appliquée
à un système, doit nécessairement produire de lui-même tous les
déplacements du système cinématiquement possibles, ou compatibles avec les liaisons, lorsque ces déplacements ont pour effet
d'abaisser le poids.

Il y aurait plusieurs observations à présenter sur cette assertion
que Lagrange semble vouloir faire admettre d'une manière
absolue (¹). Observons seulement qu'elle doit être en défaut chaque
fois que le principe lui-même subit une exception, comme dans
les cas du frottement, des liens élastiques, des surfaces *mobiles* sur
lesquelles certains points sont assujettis à rester; enfin, de l'équilibre instable. Bornons-nous à quelques mots sur ce dernier cas.

Soit un point matériel pesant B, placé en équilibre instable au
sommet d'un angle ABC dont la bissectrice est verticale, et assujetti à rester sur la ligne brisée ABC, le long de laquelle il peut
d'ailleurs glisser sans frottement. Ce cas est idéal, sans doute,
mais pas plus idéal que bien d'autres, considérés en mécanique
rationnelle.

Les deux mouvements BA, BC sont cinématiquement possibles
et compatibles avec les liaisons; ils ont tous deux pour effet de
faire descendre le poids, et cependant le poids ne les produit pas
de lui-même. En vain chercherait-on, par des liaisons nouvelles,
à ne laisser qu'un seul mouvement possible; on ne pourrait le
faire qu'en troublant l'équilibre. D'ailleurs, il est inutile de chercher à reconstruire la démonstration, car le théorème des vitesses
virtuelles, appliqué au poids seul du point matériel B, est évidemment en défaut dans ce cas.

Ainsi, de deux choses l'une :

Ou bien il n'est pas vrai qu'un poids, étant la force unique qui

---

(¹) Voir, par exemple, celle qui est présentée au n° 28.

agit sur un système, doive produire de lui-même les déplacements compatibles avec les liaisons et qui ont pour effet d'abaisser ce poids, même quand ces déplacements peuvent avoir lieu sans résistance passive ;

Ou bien, si l'on exige qu'on limite d'abord *à un seul* les déplacements possibles : il n'est pas vrai que l'on puisse toujours limiter le nombre des déplacements possibles par des liaisons nouvelles convenablement choisies et ne troublant pas l'équilibre.

Dans notre énoncé (c), tout cela est prévu. Le principe n'est affirmé que pour les cas où l'on peut limiter ainsi le nombre des déplacements par des liaisons nouvelles convenablement choisies et ne troublant pas l'équilibre.

Les objections ci-dessus ne s'appliquent qu'à la proposition directe. La proposition inverse est exactement démontrée par Lagrange, même en ne considérant que les forces de liaison.

Mais il faut cependant, comme nous l'avons fait, mentionner cette condition que le système serait en équilibre si les forces directement appliquées n'existaient pas, sinon tout le raisonnement relatif aux forces directement appliquées et au poids qui les remplace manquerait de base.

25. Démontrons maintenant le § c. Si chacune des forces P, ... était normale au déplacement correspondant, dans le système de déplacements choisis dp, ... , le théorème serait évident pour ce déplacement-là. C'est un cas tout particulier, non compris dans la condition générale.

Supposons maintenant, d'après cette condition, que la force P soit telle que son augmentation ou sa diminution, si faible qu'elle soit, entraîne la rupture de l'équilibre, lorsque les déplacements autres que dp, dq, ... sont empêchés. On sait déjà (23) que cette condition est nécessaire pour que l'équation des vitesses virtuelles puisse être vraie. Nous disons maintenant qu'elle est toujours suffisante. En effet, si l'on n'a pas

$$P\,dp + Q\,dq + \ldots = 0,$$

on pourra déterminer une force P' telle que

$$P'\,dp + Q\,dq + \ldots = 0.$$

Introduisons, à côté des liaisons existantes, lesquelles sont indéterminées, un autre système de liaisons qui, conformément à l'énoncé, maintienne l'équilibre, rende le déplacement dp, dq, ... et le déplacement inverse les seuls possibles, et leur permette toujours de se produire sous une variation, quelque faible qu'elle soit, de la force P.

Augmentons la force P de la quantité P′ — P.

D'après l'hypothèse, cette variation de la force P doit déterminer la rupture de l'équilibre et produire le déplacement correspondant à dp, dq, ... Mais, au contraire, il devrait alors y avoir équilibre d'après le § b, puisque l'on a

$$P'dp + Qdq + \ldots = 0$$

et que dp, dq, ... est maintenant le seul déplacement compatible avec les liaisons. Cette contradiction ne peut être levée qu'en supposant P′ — P = 0, ce qui démontre le théorème.

26. Considérons maintenant le cas où la variation, aussi faible que l'on veut, de la force P, ne détermine le mouvement que dans un sens, par exemple dans le sens de l'*augmentation* de cette force. Alors, dans la démonstration précédente, la contradiction ne se produit que si P′ — P est une quantité positive. On ne peut donc plus conclure P′ — P = 0, mais seulement

$$P' - P \gtreqless 0,$$

d'où

$$P \lesseqgtr P'$$

et comme

$$P'dp + Qdq + \ldots = 0,$$

on a :

$$Pdp + Qdq + \ldots \geqq 0.$$

Si, au contraire, c'était dans le sens de la diminution de la force P que l'équilibre fût troublé, ou conclurait de la démonstration :

$$P \gtreqless P' ;$$

mais comme alors dp est évidemment négatif, on aurait

$$Pdp \lesseqgtr P'dp,$$

d'où, comme tout à l'heure :

$$Pdp + Qdq + \ldots \lesseqgtr 0.$$

Telle est donc la relation des vitesses virtuelles, chaque fois que le déplacement n'est possible que dans un sens.

27. Au contraire, dans beaucoup de cas où il faut des forces finies pour opérer le déplacement dans un sens, tandis qu'il est impossible en sens inverse, on a :

$$P\,dp + Q\,dq + \ldots < 0.$$

Cela provient de ce que, si l'on remplace toutes les liaisons par des forces directement appliquées, on doit avoir :

$$P\,dp + Q\,dq + \ldots + T = 0,$$

en représentant par T la somme des travaux virtuels des liaisons.

Mais puisque ces liaisons sont de nature à empêcher le mouvement inverse, les forces qui les remplacent doivent être dirigées dans le sens du mouvement actuel, c'est-à-dire que T est positif, donc :

$$P\,dp + Q\,dq + \ldots < 0.$$

28. Sans doute, dans ce qui précède, le théorème des vitesses virtuelles est entouré de bien des restrictions, mais qu'importe, si cette forme restreinte constitue sa seule signification générale ? La double condition mécanique introduite, pour que l'on puisse se borner à faire entrer dans l'équation les forces directement appliquées, résume précisément tous les cas du n° 18 et tous ceux que l'on pourrait encore imaginer.

On ne pourrait pas prétendre que notre condition équivaut à supposer que l'assertion de Lagrange (relative au poids produisant le mouvement de lui-même) se trouve vraie dans l'appareil dont il s'agit ; car on peut vérifier notre condition dans chaque cas donné, tandis qu'on ne le peut pas pour celle de Lagrange, vu que l'équilibre existant dans le système sous l'action du poids ne sera point troublé, dans les appareils où le théorème à démontrer est vrai, même si l'on augmente le poids. Ainsi, notre condition est une condition de fait directement vérifiable ; celle de Lagrange est une condition de doctrine, échappant à toute vérification.

29. D'ailleurs il nous semble qu'il y a un certain avantage à conserver, au début de la statique, l'idée si claire et si frappante

de la multiplication de la force (aux dépens de la vitesse) par les poulies mouflées.

Dans tous les autres exemples, même celui du levier, les démonstrations les plus rigoureuses, bien qu'elles soient corroborées par l'expérience de chaque jour, nous semblent laisser encore quelque chose de mystérieux et d'obscur. On introduit, dès le début, les notions d'un corps rigide et des forces intérieures, dont le rôle ne se trouve pas suffisamment mis en évidence. Sans doute, dans les poulies mouflées, les forces intérieures interviennent aussi, mais on saisit mieux leur action et une fois le principe bien compris pour ce cas simple, il s'étend plus facilement aux autres cas.

30. Pour achever de faire bien saisir le théorème des vitesses virtuelles dans un cours, nous en ferions l'application à chaque machine et à chaque système dont on demanderait les conditions d'équilibre, conjointement avec les méthodes directes, quelquefois plus rapides.

§ 5. — *Sur les théorèmes généraux de la dynamique.*

31. M. Gilbert déduit les théorèmes généraux de la dynamique, pour des systèmes quelconques, des théorèmes correspondants relatifs à un seul point mobile. Il suppose donc d'abord qu'il n'y ait pas de liaisons et indique ensuite un certain nombre de cas dans lesquels l'existence de liaisons déterminées ne serait pas un obstacle à l'exactitude des résultats. Cette marche est d'accord avec celle que l'auteur a suivie pour le théorème des vitesses virtuelles.

Mais il semble qu'on ne puisse se rendre un compte tout à fait exact de la signification des théorèmes généraux, dans les systèmes à liaisons, qu'en déduisant ces théorèmes de l'équation générale de la dynamique. A chaque déduction, on peut alors assigner les restrictions qu'elle comporte. Il convient aussi de distinguer nettement les théorèmes qui fournissent des intégrales des équations de la dynamique. La suite des propositions serait alors celle-ci :

32. *a. Théorème de d'Alembert.* — La combinaison du théorème de d'Alembert avec celui des vitesses virtuelles donne lieu à une remarque assez importante. Si l'on désigne symboliquement par A l'ensemble des forces directement *appliquées;* par L l'ensemble des forces de *liaison;* par G l'ensemble des forces conservées par les points matériels (c'est l'expression admise par M. Gilbert); par P les forces G prises en signes contraires; il y a, d'après le théorème de d'Alembert, équilibre entre les forces A, P et L, les forces G devenant les seules forces motrices du système, après que l'on a introduit dans celui-ci les forces G et P, qui se détruisent deux à deux.

Mais il est bien entendu que dans cet équilibre entre les forces A, P et L, les forces de liaison sont celles qui proviennent de l'action de toutes les forces appliquées, y compris les forces motrices G, car, en général, les forces de liaison dépendent de toutes les forces agissantes.

Cependant, pour appliquer le théorème des vitesses virtuelles, on doit remplacer implicitement le système donné par un autre, sur lequel n'agiraient, comme forces directement appliquées, que A et P et qui serait en équilibre, sous l'action de ces forces et des forces de liaison auxquelles elles donnent lieu dans le système dont il s'agit.

Pour que cette manière de raisonner soit correcte, il faut et il suffit que les forces motrices G ne donnent lieu, dans le système, à aucune force de liaison, contrairement à ce qui arrive pour des forces prises au hasard.

Comme les forces motrices G sont celles qui produiraient exactement les mêmes mouvements sur tous les points matériels du système si ceux-ci étaient libres, on doit admettre, au moins dans le cas où ces mouvements peuvent être déterminés par une force infiniment petite, que les forces motrices G ne mettent pas les liaisons en jeu, de sorte que les forces de liaison sont les mêmes que si A et P agissaient seules comme forces directement appliquées.

Alors on peut imaginer que le système soit en équilibre (ou en mouvement uniforme) sous l'action de A, de P et des forces de liaison qui naissent de A et de P, ce qui permet d'écrire l'équation des vitesses virtuelles entre les forces A et P seulement, si d'ailleurs les liaisons satisfont aux conditions indiquées au n° 22.

Mais la condition d'après laquelle le mouvement que prend réellement le système doit pouvoir se faire sans résistance, c'est-à-dire sous l'action d'une force infiniment petite, est précisément (22) la condition nécessaire pour qu'on puisse appliquer le principe des vitesses virtuelles à ce déplacement-là, donc (32, g) démontrer le théorème des forces vives. De là résulte que chaque fois que le théorème des forces vives ne sera pas applicable à un système en mouvement, ceux des quantités de mouvement projetées et des moments seront également douteux, parce que l'équilibre n'existe que moyennant les forces de liaison inconnues dues aux forces motrices G, tandis que pour appliquer le théorème des vitesses virtuelles, tel que nous l'avons démontré d'une manière générale, il faut que l'équilibre existe entre A, P et les forces de liaison engendrées, sur le système donné, par A et P seulement.

On ne peut d'ailleurs disconvenir que, tant dans la démonstration générale du théorème des vitesses virtuelles, que dans son application à la recherche de l'équation générale de la dynamique, on emploie, au fond, des idées non contenues dans les axiomes admis ; il n'en est plus de même lorsque, dépouillant la question d'une généralité embarrassante, on se borne, comme M. Gilbert, à appliquer le théorème des vitesses virtuelles à *toutes les forces*, sauf à rechercher directement, dans chaque cas particulier, les forces de liaison que l'on pourra négliger.

Dans cette méthode, avant d'écrire l'équation générale de la dynamique, pour un système donné, on s'assurera que toutes les forces de liaison ont des travaux nuls (ou des travaux qui se compensent), que ces forces soient d'ailleurs engendrées sur le système par A et P, ou bien par les forces motrices G.

b. Équation générale de la dynamique. — Toujours exacte, si l'on considère toutes les forces. — Dans le cas contraire, mêmes restrictions qu'au théorème des vitesses virtuelles, et, de plus, la condition imposée pour le déplacement virtuel δx, δy, δz, ..., doit se vérifier aussi pour le déplacement réel dx, dy, dz,..., sans quoi l'équation manquerait de base.

c. Théorèmes des quantités de mouvement projetées et du mouvement du centre de gravité.—Obtenus en choisissant, comme déplacements virtuels du système en équilibre, trois déplacements successifs parallèles aux axes, comme si le système était invariable. Ce sont les trois premières équations d'équilibre du système rigidifié.

Les forces intérieures peuvent toujours être négligées, et le théorème est toujours exact si l'on considère *toutes* les forces extérieures.

Dans le cas de liaisons, il faut que les déplacements répondent aux conditions du théorème des vitesses virtuelles, mais il suffit qu'on puisse trouver trois translations quelconques qui y répondent, outre le déplacement réel.

d. Intégrales de la conservation des quantités de mouvement ou de la conservation du mouvement du centre de gravité.—Il faut, de plus, que les forces directement appliquées, transportées au centre de gravité, y donnent une résultante nulle. On a, alors, trois intégrales, en quantités finies, des équations du mouvement. — Autres cas d'intégration.

e. Théorème des moments des quantités de mouvement.—Obtenu en choisissant, comme déplacements virtuels du système en équilibre, trois rotations, autour des axes, comme si le système était invariable. Ce sont les trois dernières équations d'équilibre du système rigidifié.—Mêmes observations qu'au théorème précédent.

f. Intégrales de la conservation des moments et des aires. — Il faut, de plus, que les moments des forces directement appliquées, autour des axes, soient nuls. On a, alors, trois intégrales premières des équations du mouvement — Autres cas d'intégration.

g. Théorème des forces vives. — Obtenu en choisissant, comme déplacement virtuel δx, δy, δz, ..., le déplacement dx, dy, dz, ..., qui s'opère dans le mouvement réel du système primitivement donné.

Toujours exact si l'on considère toutes les forces. — On peut négliger les forces intérieures dans les solides. — Dans le cas de liaisons, il suffit que le déplacement dx, dy, dz, ... puisse, comme dans le théorème des vitesses virtuelles, s'effectuer sous l'action d'une force infiniment petite.

Cette condition contient celle qui est posée par Duhamel et par Bour, et d'après laquelle les liaisons doivent être indépendantes du temps.

Mais les raisons données par ces savants auteurs ne nous parais-sent pas péremptoires. Sans doute il faut, pour l'équilibre, prendre les liaisons telles qu'elles existent à l'instant que l'on considère, mais on serait libre de les faire varier d'une manière arbitraire pendant le déplacement virtuel même, si alors la condition fonda-mentale du théorème des vitesses virtuelles (22) restait encore vérifiée. Celle-ci semble donc contenir tout ce que l'on peut dire sur ce sujet, et il semble, de plus, que la condition de Bour et de Duhamel soit insuffisante.

En effet, supposons que l'un des points matériels x_1, y_1, z_1, soit assujetti à rester sur une surface mobile, qui suive, par une trans-lation, le mouvement d'un second point du système x_2, y_2, z_2. Cela revient à matérialiser, d'une certaine façon déterminée, une liaison analytique de la forme

$$F(x_1 - x_2, y_1 - y_2, z_1 - z_2) = 0.$$

Le théorème des vitesses virtuelles et celui des forces vives seraient en défaut, bien que le temps n'entrât pas explicitement dans l'équation de liaison.

h. Intégrale des forces vives. — Il faut, de plus, qu'il existe une fonction des forces. On a, alors, une intégrale première des équations du mouvement.

i. Intégrale de la conservation des forces vives. — Répond au cas où les forces directement appliquées sont nulles.

§ 6. — *Sur quelques équations différentielles relatives au mouvement de rotation des corps solides.*

33. Les cas principaux dans lesquels les équations différentielles du mouvement de rotation des corps solides peuvent être intégrées sont les suivants :

1º Le cas où il n'y a point de forces extérieures (intégration exacte, par les fonctions elliptiques);

2º Le cas d'un corps de révolution fixé par un point de son axe de figure et soumis uniquement à la pesanteur (idem);

3º Le mouvement relatif du gyroscope à la surface de la terre (solution approximative, pour le cas des grandes vitesses de rotation).

Nous nous sommes occupé d'un quatrième cas, dont il est question aussi dans la mécanique de M. Gilbert; c'est celui d'un corps de révolution fixé par son centre de gravité, animé d'un mouvement de rotation très rapide autour de son axe et soumis à l'action continue d'un courant d'air à filets parallèles. On néglige, bien entendu, le frottement de l'air contre la surface du corps.

Cette question conduit à la solution du problème du mouvement des projectiles lancés par les canons rayés de l'artillerie (¹).

34. La solution du problème posé a été donnée par le général Mayevski, pour le cas où le courant d'air est constant en direction et en intensité.

Mais l'application faite par le même auteur des résultats trouvés dans cette hypothèse, au cas d'une direction et d'une intensité variables, est sujette à des difficultés que nous avons déjà signalées dans les *Mémoires* de la Société (²) et sur le détail desquelles nous ne reviendrons pas ici.

Elles se résument en deux points :

1º L'on ne peut pas, selon nous, supprimer dans une équation différentielle des termes périodiques (par cela seul qu'ils sont

---

(¹) On pourrait dire aussi que le corps est soumis à une force quelconque rencontrant l'axe, mais le problème serait ainsi rendu plus général, parce que, dans le cas du projectile, la vitesse et la direction du courant d'air ne sont pas indépendantes l'une de l'autre.

(²) Tomes IX (1ʳᵉ série) et II (2ᵉ série). Nous saisissons cette occasion pour rectifier quelques fautes d'impression dans le second de ces mémoires.

P. 67, ligne 9, au lieu de *inexactitude*, lisez *exactitude*.

P. 69, lignes 10 et suivantes, au lieu de : « de quantités angulaires... $\omega = \frac{1}{\tau}$ », lisez : « de quantités angulaires égales, ce qui exige que les vitesses angulaires de rotation soient inversement proportionnelles aux temps, d'où l'équation $\omega = \frac{1}{\tau}$ ».

P. 72, dernière équation, au lieu de $>$, lisez $<$, et au lieu de $i = 3$, lisez $i = 2$.

périodiques et sans qu'ils soient toujours très petits relativement aux autres termes) ([1]), sous prétexte que l'équation ainsi transformée est exacte *en moyenne,* ou que l'on pourrait chercher le mouvement d'une droite fictive ayant comme mouvement vrai le mouvement moyen de l'autre.

2º D'ailleurs, en appliquant à la direction et à l'intensité variables les résultats trouvés dans le cas où elles sont constantes, il se présente une véritable indétermination relative à la valeur du temps *t,* lequel devrait être compté à partir d'une certaine époque où l'axe de figure aurait coïncidé avec l'axe instantané de rotation, mais à partir de laquelle le courant d'air serait resté constant.

Cette application nous paraît donc manquer entièrement de base.

35. Nous l'avons établie à un autre point de vue, en remplaçant l'axe de figure par l'axe d'impulsion (axe du couple des quantités de mouvement), lequel se trouve avoir pour mouvement rigoureux le mouvement moyen de l'autre, et de cette manière nous avons pu baser sur un raisonnement exact les équations différentielles du mouvement dans le cas du courant variable, équations qui ont été intégrées depuis par M. Magnus de Sparre. Ces équations coïncident d'ailleurs avec celles du général Mayevski et ce n'est qu'au point de vue de la doctrine que nous avons contesté les raisonnements qui y avaient conduit ce géomètre.

L'emploi de l'axe du couple d'impulsion nous a permis aussi de donner une théorie simple et complète des différents genres de similitude, dans le mouvement de rotation des projectiles, ou des corps de révolution quelconques, comme nous l'avons dit dans le second des mémoires prérappelés.

36. M. Bertrand avait proposé, en 1856, d'employer l'axe du couple des quantités de mouvement pour établir une théorie élémentaire du mouvement relatif du gyroscope libre; mais pour

---

([1]) La vitesse de précession, que l'on considère comme constante, oscille, en réalité, entre zéro et le double de sa valeur moyenne.

le gyróscope cela n'est pas indispensable, puisque les équations donnant le mouvement de l'axe de figure peuvent s'intégrer moyennant des approximations très admissibles (suppression d'un terme qui reste toujours très petit par rapport à un autre, lequel ne change pas de signe), tandis que les approximations employées dans le problème actuel sont d'une nature bien différente.

37. M. Gilbert résout au n° 215 un problème analogue à celui dont nous venons de parler, et en trouve les équations différentielles; mais, pour les résoudre, il admet aussi des approximations qui ne nous paraissent pas justifiées (n° 216) et l'application qui est faite plus loin (n° 220) au mouvement du projectile laisse subsister toute la difficulté.

38. En attendant que les équations du n° 215 puissent être intégrées plus rigoureusement, même en y considérant X_1 et Y_1, comme des variables dépendant du temps,. ou d'autres circonstances de la question, nous continuons à maintenir comme seule valable, au point de vue des principes, notre théorie de l'axe d'impulsion, qui lève toutes les difficultés. Là, le mouvement conique étant rigoureux, nous n'avons pas besoin de droite fictive, de suppression de termes périodiques ou autres, ni d'une origine du temps déterminée, mais inconnue.

C'est à l'axe d'impulsion lui-même que se rapporte l'équation différentielle. C'est lui-même dont on cherche le mouvement rigoureux (une fois les hypothèses physiques admises) et la position finale; et, ayant trouvé celle-ci, on invoque alors cette propriété : que l'axe de figure ne peut jamais s'écarter beaucoup de l'axe d'impulsion si le mouvement de rotation est énergique, propriété déjà invoquée du reste pour modifier légèrement les hypothèses physiques et faciliter ainsi la mise en équation du problème.

TABLE DES MATIÈRES

ERRATA

Page 95, avant le titre particulier : LIVRE V, ajoutez le titre général : GÉOMÉTRIE DANS L'ESPACE.

Page 88, lignes 9 et 10 : au lieu de « comme étant la perpendiculaire abaissée d'une extrémité de l'arc sur la normale à l'autre extrémité » lisez : « comme étant la distance, comptée sur la normale à l'une des extrémités de l'arc, depuis cet arc jusqu'à la perpendiculaire abaissée de l'autre extrémité ».

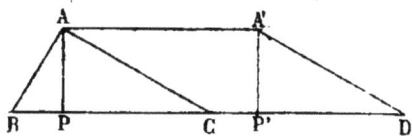

Fig. 1.

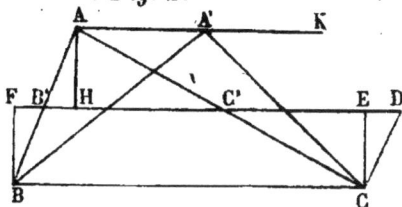

Fig. 2.

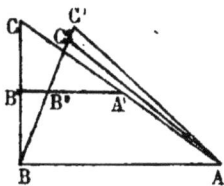

Fig. 3.

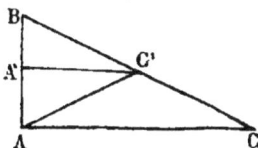

Fig. 4.

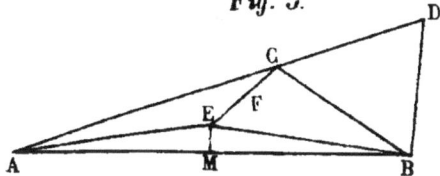

Fig. 5.

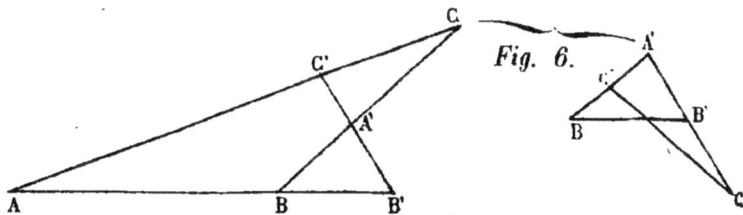

Fig. 6.

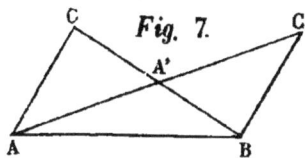

Fig. 7.

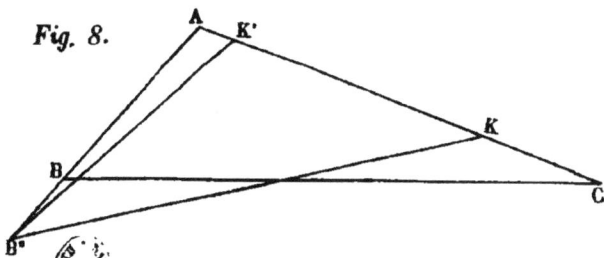

Fig. 8.

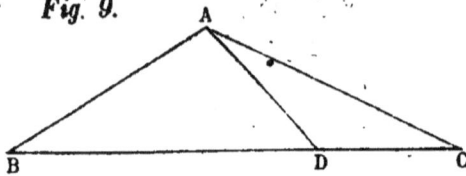
Fig. 9.

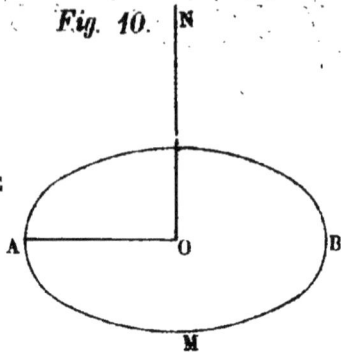
Fig. 10.

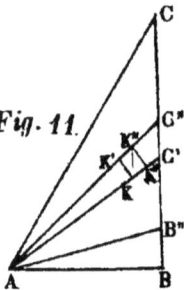
Fig. 11.

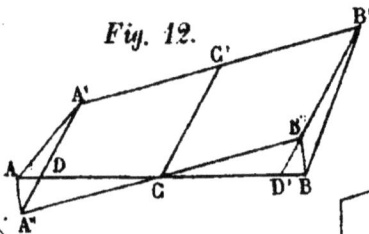
Fig. 12.

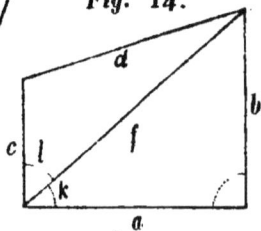
Fig. 14.

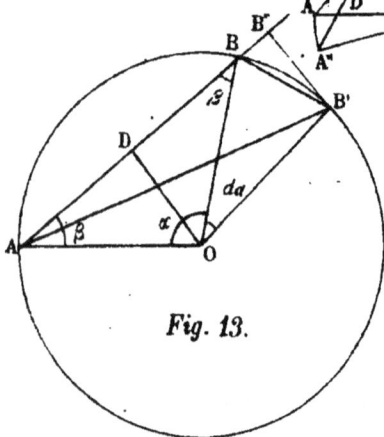
Fig. 13.

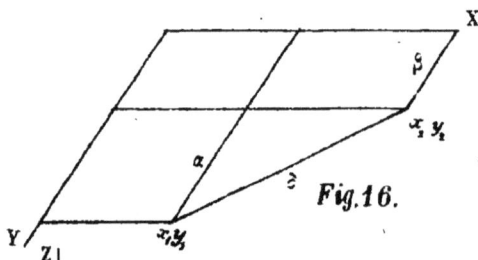
Fig. 16.

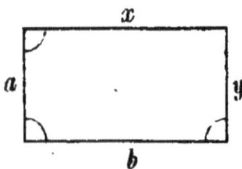
Fig. 15.

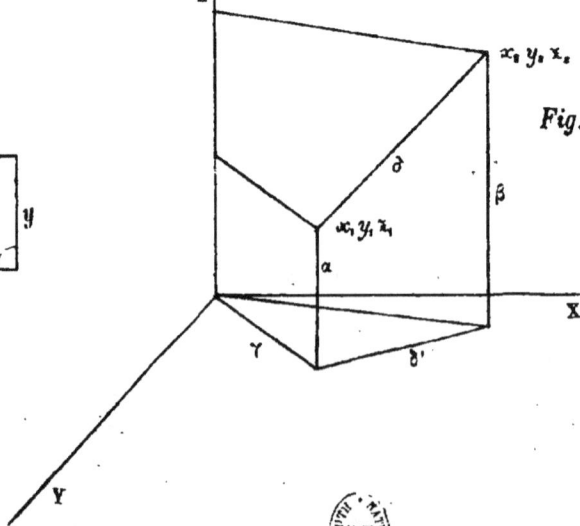
Fig. 17.

www.ingramcontent.com/pod-product-compliance
Lightning Source LLC
Chambersburg PA
CBHW060527210326
41519CB00014B/3154